KB053101

사춘기 자녀 코칭 심리학

| 일러두기 |

이 책에 실린 상담 사례들은 개인의 허락을 받았으며 실명은 밝히지 않았습니다. 또한 내용의 일부를 각색했습니다.

사춘기 자녀 코칭 심리학

아이들이 '문제'가 아니라
어른들의 '이해'가
부족해서입니다!

곽동현 지음

청소년을 이해하고 싶은 부모와 교사를 위한 코칭 가이드

★★★★★

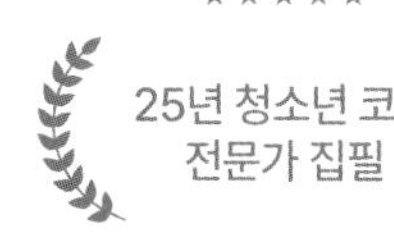

25년 청소년 코칭
전문가 집필

★★★★★

부모와 교사들의
필독서

★★★★★

[1퍼센트 성공의 법칙]
손힘찬 작가 추천

추천의 글

《사춘기 자녀 코칭 심리학》은 사춘기 자녀와 씨름하고 있는 부모와 교사들에게 선물 같은 책이자 반드시 읽어야 하고 두고두고 다시 펴볼 책입니다. 곽동현 교수님이 지난 25년간 꾸준히 연구하며 체험한 생생한 현장 이야기에서 시작된 이 책은 어떻게 청소년의 마음을 이해하고 깨닫고 알아차리고, 실질적인 코칭을 할 수 있을지 일목요연하게 정리되어 있습니다. 전국의 교사, 학부모, 청소년을 마음 들여서 만난 한 분의 신실한 목회자, 교수, 전문코치, 또한 다자녀 부모로서의 모든 것이 담긴 귀한 가이드북입니다.

15년 전쯤 곽동현 교수님을 연세대학교 연합신학대학원 부설 연세코칭아카데미에서 처음 만났습니다. 코칭에 대한 확고한 목표가 있었고 대전에서 서울까지 강의를 들으러 오는 그 마음에서부터 열정을 느낄 수 있었습니다. 교사와 청소년, 부모와 자녀의 소통에 대해서 외부인의 심정이 아니라 강력한 감정이입으로 함께 공감하면서 경청한 사연들이 이 책을 만들게 하는 동기였을 것입니다. 모든 사람의 가능성과 잠재력을 극대화하려는 뜨거운 열정이 이 책과 함께 더불어 새롭게 불타오르기를 기원합니다.

다움상담코칭센터 대표원장 박순 Ph.D

내가 아는 한 우리나라에 코칭이라는 개념이 생기기 이전부터 이 책의 저자 곽동현 교수는 온몸으로 청소년들을 살려내려 동분서주하며 그들의 친구요, 위로자로서의 삶을 살았다. 이 책은 곽동현 교수의 삶을 고스란히 담아낸 청소년 분야의 역작이라고 생각한다. 우리 모두는 아이에서 어른이 되지만 아이와 어른 사이에 아이도 아니고 어른도 아닌 청소년기라는 심리적 모라토리엄(moratorium-유예기간)을 거친다. 이 시기를 건강하게 보내지 못하면 정체성 혼란으로 이어져 평생 자신에 대한 명확하지 않은 성인아이로 살아가게 된다. 자녀가 사춘기를 겪을 때

부모는 사추기를 겪는다. 그렇게 서로 혼란스러운 삶이 요동치는 곳이 가정이다. 이런 혼란스러움을 정리해주는 책이 바로 이 책이라 믿는다.

곽동현 교수는 현장성, 이론성, 임상성, 명료성을 전제한다. 그래서 그의 강의는 늘 호소력 있고 청중들로 하여금 자신의 모습과 가정을 돌아보게 하는 힘이 있다. 타고난 청소년 코치이자 청소년에 관한 한 이론과 임상을 겸비한 곽동현 교수의 책을 통해 많은 부모와 교사들이 우리 내면의 청소년을 돌아보고 오늘의 청소년들을 이해 · 수용하며 축복하는 귀한 계기가 되길 바란다.

한국열린사이버대학교 상담심리학과 특임교수,
변상규대상관계연구소 소장 변상규

곽동현 교수는 대한민국 교육업계에서 희망 같은 존재다. 내가 대학생 시절, 그에게 가르침 받은 것은 자신을 보살핌과 동시에 다른 이에게 도움의 손길을 건네는 방법이었다. 그 힘이 내 삶의 원동력 중 일부로 자리 잡아 일을 하고 있다고 해도 과장은 아니다.

그의 책을 읽는 것은 자녀는 물론 당신을 구할 수 있는 길이라 자부한다. 내가 받은 빛을 이 책을 열어보는 독자님도 받기를 바란다.

《1퍼센트 성공의 법칙》 저자 손힘찬

사춘기 자녀를 둔 학부모나 사춘기 학생들을 가르치는 선생님, 상담사, 코치들에게 꼭 읽어야 할 책으로 강력히 추천합니다.

저자인 곽동현 코치님이 힘든 사춘기를 겪었고 그 과정에서 무섭기만 한 부모를 사랑으로 승화한 경험과 자신과 같았던 사춘기를 경험하고 있는 청소년을 다년간 상담과 코칭으로 탁월한 인재로 변화시킨 경험이 오롯이 녹아 있는 책입니다. 한마디로 곽동현 저자의 불우한 사춘기를 이겨낸 경험과 다년간 청소년을 상담 · 코칭한 경험의 연금술이 담긴 책입니다.

알아차림코칭센터 대표 김만수 MCC

프롤로그

"여러분! 혹시 책 한 권만 읽은 사람과 대화해 보셨나요?"

나는 간혹 이런 질문으로 부모교육이나 교사연수를 시작하기도 한다.

'책 한 권만 읽은 사람이 무섭다!'

바로 소통하지 못하는 사람에 대한 말이다. 4차 산업혁명 시대라고 말할 필요도 없이 미래 사회를 포함한 어느 시대든지 영향력이 있는 집단은 '소통'하는 집단이다. 그 집단들이 모여 사회와 국가를 이루고 살 때 개인의 행복은 물론 그 국가도 인정받는 것이다.

여기서 집단은 가정, 직장 등 소집단과 국가와 같은 메가급 집단도 있다. 하지만 이 '소통'이란 것을 하려면 먼저 말하고자 하는 주제에 대해서 100%는 아니어도 그에 근접한 데이터(data)는 있어야 한다. 그렇지 못한 경우라면 적절한 질문을 통하여 데이터를 얻는 것이 상식이다.

그러므로 그 사람에 대한 것이라든지, 그 기업에 대한 것이라든지 또는 그 책에 대한 것이라든지 또는 그 제도나 정책에 대한 것이라든지 간에 우선은 정확한 데이터 수집의 충분한 시간을 가지고 사실의 여부를 확인한 뒤에 원활하게 소통하는 것이 좋다. 그렇게 하지 않으면 '언어(문서를 포함한 전달 매체)'라는 것은 긍정적인 면(칭찬과 인정 등)과 부정적인 면(비난 등)을 함께 담고 있어서 '인정'과 '위로'가 되고 '자긍심' 등을 북돋우기도 하지만, '오해'와 '다툼'은 물론 '불행한 결과'를 초래하기도 한다.

그래서 가장 먼저 소통을 잘하는 방법은 그 사람이나 대상을 직접 만나서 궁금한 정보를 질문하고 자신이 명확하게 이해했는지 확인하면 된다.

의사소통에 관한 활동 프로그램을 통해 경험하신 분들은 아시겠지만, 말하는 자(話者)는 똑같은 내용과 어조이지만 듣는 자에 따라 전혀 다르게 해석하게 된다. 말하는 자와 듣는 자가 똑같거나 비슷한 결과를 얻으려면 서로 묻고 확인하면 된다.

책(지식적인 정보)이나 정책, 제도에 대한 궁금증도 다시 확인하면 좋다. 하지만 혼자만의 기울어진 사고로 판단한다면 계속

되는 '불만과 오해'만 남는다. 이것은 결국 타인뿐만 아니라 자기 자신까지도 힘들게 할 수 있다. '코칭 기술(coaching skill)'에 있어서도 사람은 자신의 인격, 지식, 환경, 감정 등에 따라 듣기 때문에 '경청'이 상당히 힘든 부분이다. 그래서 소통을 잘하려면 정확한 데이터에 대한 '확인' 작업이 꼭 필요하다.

이러한 데이터 부족과 사실에 대해 무지하면 부모이며 교사요, 어른인 우리는 '미래 세대'라고 일컫는 사춘기 청소년들과의 소통이 상당히 힘들어진다. 내 아이이지만 사춘기가 되면 더 소통이 힘들고, 어떤 교육이 정답인지 해결책을 찾느라 분주하기만 하다.

대한민국의 부모들을 '양육 스타일'로 나누면 세 가지 부류가 있다고 한다.

첫째, 자녀를 위해서 열심히 공부했지만 결국 자신만의 방법으로 양육하는 부류. 둘째, 정보가 전혀 없기에(노력 자체를 하지 않는 부모) 자녀에 대해서 무관심한 부류. 셋째, 부모 모두가 애착과 훈육의 균형(balance)을 잡으려는 바람직한 부류.

열심히 자신만의 방법으로 양육하는 경우와 자유분방하게 키운다고 자녀를 방임했다면 아이는 성인이 되어 오히려 대학이나 직장에서 원만하지 못한 대인관계로 힘들어하고 심지어 그릇된 행동의 결과까지 낳는 '성인아이(Adult child, 정신적으로 어른이 안 된 사람을 의미)'가 될 수도 있다.

한 번쯤 아이들에게 어른인 자기 자신이 부모로서 또한 교사로서 아이를 이해하고 있는 것이 정말 이해인지 오해인지 함께 소통한 일이 있는가? 혹시 '나만의 책 한 권'에 얽매여 내 아이를 진단하고 해석하고 있지는 않은가?

대한민국에 인성교육진흥법이라는 것이 2015년 7월 21일부터 시행되었다. 전 세계를 놓고 봐도 아주 독특한 법이 제정된 셈이다. 굳이 어떤 사건이라 꼬집어 말하지 않아도 여러 해를 거쳐 오는 동안 청소년과 관련된 많은 불미스러운 사건, 사고들이 끊이지 않고 있다. 미래 세대가 어떤 인간상으로 어떻게 세워져야 하는지를 고민하는 많은 학자, 정치가, 여러 기관의 기관장 등이 인성과 사회성 교육의 필요성을 느끼기에 제정된 법이 아닌가 싶다.

이 법의 제정으로 인해 교육부 장관과 각 시 · 도 교육감뿐만 아니라 학교장, 현직 교사들까지 이 '인성교육'에 대해서 많은 부담과 책임감을 느끼고 있는 것이 사실이다. 게다가 '진로교육법'을 통한 자유학기제나 자유학년제 등을 통하여 아이들에게 좋은 교육 환경과 프로그램을 주려고 노력하며 교육의 현장에서 그야말로 열정적으로 가르치시는 분들이 많다.

나 또한 누구보다 청소년들을 현장에서 많이 보고, 가까이하고 있는 자 중의 한 사람으로서 이 글을 쓰기 전에 우리가 미래의 세대, 즉 아동과 청소년에 대한 이해도가 부족한 것이 아닌가

하는 생각이 든다. 현재까지 25년 넘게 아동과 청소년들을 이해할 수 있는 프로그램을 개발하여 강의하고, 또 학교나 가정에서 부적응, 부진함 등의 문제가 있다고 판단되는 아이들을 만나 상담하고 코칭을 진행해왔다. 그런 가운데 '문제'를 지니고 있었던 아이들이 나중에는 다른 친구들의 '문제'까지도 해결해주는 그 누구보다도 탁월하게 소통하는 인재로 거듭나는 경우를 참 많이 목격했다.

아이들과의 '소통'에 있어서 이 책은 아주 명확하게 세 단계의 내용을 담았다.

첫 단계는 실제 현장에서 바라본 전문가와 함께 '청소년을 이해하는 근원적인 이해'를 습득하는 단계이고, 두 번째는 자녀의 여러 가지 문제로 고민하는 부모 그리고 학생과 소통하기 힘든 선생님들이 적지 않은데, 정말 아이들에게 어떻게 다가가야 할지, 수업을 방해하는 아이들을 어떻게 다루어야 할지 등의 문제의 원인을 함께 깨닫고, 알아차리는 단계이며, 마지막은 새로운 코칭모델을 제시하여 부모와 교사, 코치가 함께 MZ세대들의 이야기를 경청하며 함께 변화와 성장을 위해 나아가는 단계다.

나는 청소년과 관련하여 캠프지도와 상담, 강의와 코칭을 하면서 많은 임상적인 경험을 했다. 실수도 하고 실패도 경험했다. 다양한 교육과 캠프 프로그램까지 운영하면서 무엇이 청소년들에게 변화와 성장 그리고 선한 영향력이 될까를 고민하고 있다.

이 책에서는 단답형과 같은 정답보다는 부모와 교사 그리고 사춘기 청소년들에게 희망을 주고 싶다. 독자들이 이 책을 읽으면서 스스로가 공감하여 다양한 소통을 시도할 용기를 전해주고자 한다. 그러한 이유로 마지막장에는 코칭모델을 제시했다.

URA코칭모델 개발에 있어서 처음 심리상담의 중요성을 알게 해주신 변상규 교수님과 코칭을 만나게 해주신 사용석 코치님(KPC), 자기분석코칭으로 나 자신을 발견하게 해주신 다움상담코칭센터 원장 박순 교수님(KPC)과 박사과정까지 이끌어주신 故 조기원 교수님(Canada Christian College), 그리고 PCC 인증과정까지 마무리를 잘하게 해주신 알아차림코칭센터 김만수 교수님(MCC)께 감사를 드린다.

중학교 때, 몸소 인간에 대한 희망을 보여주셨던 소영숙 선생님과 임종화 선생님, 대학원 시절 삶을 포기하지 않도록 건져주신 현유광 교수님(전 고려신학대학원 원장), 그리고 저를 가르쳐주신 모든 교수님들과 목사님들과 학교 선생님들께도 감사드린다.

끝으로, 이 모든 만남과 어둠 속에서도 포기하지 않으시고 저를 다시 일으켜 세워주신 하나님과 가족들에게 감사드린다.

곽동현

CONTENTS

PART 02

깨닫다

Realize

PART 03

알아차리다

Awareness

PART 04

코칭하다

URA(you aRe Ace) Coaching

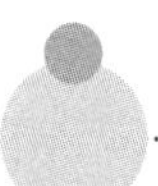

부록

Part 01

이해하다

Understanding

#1

여긴 지옥이에요

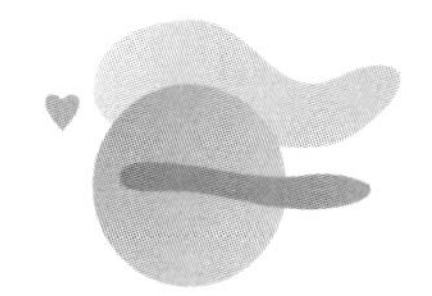

아이들은 시대만 다를 뿐, 늘 그들만의 대화법이 존재한다. 그것이 맞춤법에 맞든 맞지 않든, 또 '한글 파괴'니, '세종대왕님이 노하시니(?)' 하면서 말하는 일부 어른들의 생각이 옳든 옳지 않든 말이다. 급식체든 신조어든, 사실 그런 것은 중요하지 않다. 그저 아이들은 그들만의 소통법이 있다는 점이 더 중요하다.

어른들이 못 알아들어도 상관은 없다. 아이들의 세상에서는 그들만의 언어가 중요하다. 다만 그들에게 마음을 여는 누군가가 있다면 얼마든지 듣는 이들의 언어로도 말할 수 있다. 통하기만 한다면 말이다.

"넌, 왜 그따위 말을 하니?"

"좋은 말을 사용해야지!"

"너희 부모가 그렇게 가르쳤니?"

"선생님이 그렇게 가르쳤어?"

이렇게 다그치듯이 또는 책망하듯 전달하는 말들은 아이들의 마음을 열지 못한다. 오히려 굳게 닫아버린다. 그 어떠한 야단에도 아이들은 얼마든지 방어할 수 있다. 수긍하는 척하는 연기도 하고, 거짓말과 반항적인 말투와 행동으로 저항하기도 하면서 말이다. 위기만 모면하면 되니까……. 그러고는 그 내면에는 '앞으로 이 사람과는 대화하지 말아야지!'라는 '생각의 집'을 짓곤 한다.

우리 사회에서 '청소년'이란 단어는 부정적인 의미가 많은 것 같다. '주변인', '질풍노도의 시기' 등등 긍정적인 의미보다 훨씬 많은 부정의 이미지가 있다. 주로 교육현장에서 특강을 통하여 부모님과 선생님들을 만나게 되면 그분들께 '청소년' 또는 '사춘기'라는 단어와 함께 즉시 떠오르는 단어를 5~10개 정도 나열해 보시라고 제안한다. 그러면 등장하는 단어들이 주로 '주변인', '질풍노도의 시기'부터 '일탈', '범죄', '미혼모', '학교폭력', '자살', '성 문제', '어른도 아닌, 그렇다고 애도 아닌'이라는 말 등이다.

"우리 때는 이렇지 않았는데……", "요즘 애들은……", "참 문제가 많아!" 등의 말은 나 역시 많이 사용했던 말이다. 하지만 이 책을 읽고 난 뒤부터 어른인 우리가 아이들을 생각하고 그들을 볼 때마다 떠올릴 단어는 '희망', '미래', '가능성' 등이었으면 한다. 이미 편견과 선입견이라는 '왜곡된 인지' 상태로 각인되어버린 일부 어른들은 아이들과의 '소통' 그 자체가 무조건 힘들다고 한다. 심지어 어떤 부모들은 '자녀와 소통을 잘하고 있고, 탁월한 교육철학과 교육 방법'을 알고 실행하고 있지만, 정작 그 자녀들은 "엄마는 제 마음을 몰라요. 자기 얘기만 하세요. 엄마(아빠)랑 진지하게 대화한 적은 없어요!" 하고 반응한다. '청소년 상담' 중에 꽤 많이 듣는 말이다. 물론 부모에게 모든 잘못이 있다는 말이 아니라 '소통'적인 면에서 말하는 것이니 오해는 없길 바란다.

2013년에 개봉한 한국 영화 〈우아한 거짓말〉은 '학교폭력'의 폐해를 다루었다기보다는 어쩌면 '소통의 부재'로 인한 사건을 다룬 것이 아닌가 생각한다. 결국, 비극적인 선택을 한 중학생은 가족과 친구들에게 털실 속에 다섯 개의 메시지를 남긴다. 그것은 그들에게 진심으로 하고 싶었던 말을 쪽지로 남긴 것이다.

"여기는 지옥이에요!"라고 내게 말한 한 고등학생이 떠오른다. 나름대로 부촌인 도시에서 한 층만 80평이 넘는 저택 중 20

평이나 되는 공간이 자신의 방이고, 그 당시 아이들은 가질 수 없는 명품들을 소유했지만 정작 그 학생은 자신의 집을 '지옥'이라고 표현했다. 이유인즉, 가족 간에 대화가 전혀 없다는 것이다. 과연 대화가 전혀 없는 것일까? 자녀라고는 한 명뿐이고, 부모는 제법 학식과 재력은 물론 사회에서 인정받는 분들이라고 했다. 세 번째 만남에서 그 학생은 스스로 이렇게 말했다.

"아마 제가 죽어도 모를 것 같아요. 친구와 싸워도 말할 수 없어요. 힘들다고 말할 수도 없고요. 제가 말하는 것은 전부 문제투성이…… 그건 모두 제가 부족한 탓이니까요."

나는 아무런 말도 할 수가 없었다. 힘없이 숙인 학생의 머리를 바라보며 나 역시 고개를 떨구었고, 그 학생과 함께 침묵하는 시간을 가졌다. 이내 소리도 내지 못하고 울고 있는 학생을 느낄 수가 있었다. 나는 아무런 반응을 하지 않았고 그냥 머리만 숙이고 있었다. 학생은 오열했다. 사춘기 학생이 분노인지 슬픔인지 모르는 뒤섞인 감정으로 오열하고 있었다. 그러면서 아무런 말이나 반응을 보이지 못하는 나를 향해 말했다.

"선생님께 처음이네요. 제가 이렇게 말해본 게……."

"응?"

"진짜 힘들었어요! 학교도 싫고, 내가 왜 이런 집에 태어나서 고생인지도 화가 나고……. 다른 애들은 나보고 이해가 안 된다고 하더라고요. 잘사니깐. 부자니깐. 근데 전 지옥에 갇혀 있는 것 같아요."

부족한 성적과 학교생활의 부적응 그리고 어머니가 발견한 학생의 일기장이 그 아이와 내가 만나게 된 계기가 되었다. 학생은 심리적인 고통을 받으며 비극적인 결말을 준비하고 있었다. 부모에 대한 신뢰는 무너져 있었고 오해만 가득히 품고 있던 학생이었다. 그렇게 첫 만남 이후로 우리는 계속해서 정기적으로 상담시간을 통해 만났다.

나는 만날 때마다 학생이 자기 부모님에 대해 가지고 있는 비합리적인 생각과 신념을 들어주었다. 그러고는 학생만의 오해는 아닌지, 진실은 무엇인지를 함께 찾아보는 작업을 했다. 그 학생은 만날 때마다 조금씩 긍정적으로 변하더니 '오해'는 '이해'로, '이상'은 '현실'을 수용할 수 있는 단계에 이르렀다. 마침내 상담은 마무리가 되었다.

시간이 흐른 뒤, 학생은 나의 생일에 문자를 보내왔다.

'쌤! 생일 축하드려요. 참, 저 잘하고 있어요! 쌤이 제게 코칭해주신 대로 여행도 많이 다니고 이것저것 경험도 많이 해보고 있어요! 보답하러 꼭 선생님께 가겠습니다!'

갑작스러웠지만 뭔가 모를 기쁨의 감정이 온몸을 감쌌다.

'보답은 무슨…… 됐다! 내가 뭘? 네가 잘한 거지.'

그렇다. 내가 한 것이 없는 것은 사실이다. 학생이 많은 경험을 해보고 싶다고 해서 어떤 경험을 해보고 싶냐고 물어봤고, 여행을 많이 다니고 싶다고 해서 어떻게 계획을 하고 실행에 옮길 것이냐는 질문만 해댔었다. 당시에는 막연한 답들뿐이었으나 성장하면서 그러한 계획을 하고 자신이 스스로 실행하면서 '나'라는 사람이 생각났던 것 같다.

이 학생과 상담하는 가운데 들었던 말 중에 인상 깊은 말이 있었다.

"엄마나 아빠나 유치원에 다닐 땐 그토록 많이 칭찬하시고 제 얘길 잘 들어주시더니 정작 가장 힘들었던 중고등학생 때는 왜 그토록 나를 미워하시는지……."

미워했단다. 자신의 얘기를 들어주지 않았다며 '미워했다'고 표현했다. 나 역시 그 얘기를 듣고 생각해보니, 우리 부모들은 자녀가 유치원이나 어린이집에 다닐 때, 즉 쉽게 말하면 초등학교에 들어가기 전까지는 무한한 긍정 에너지를 애착과 함께 자녀들에게 쏟아붓는다. 칭찬을 아끼지 않고 반응해주고 격려해준다. '무조건적인 사랑'을 느낄 수 있는 그런 나이가 만 0~6세까지이다. 물론 이것마저도 잃어버린 '애착결핍형' 부모들을 거론하는 것은 잠시 접어두자.

여하튼 초등학교(학령기) 이전까지만 해도 아이들의 입장과는 상관없이 부모님들은 아이를 엄청나게 잘 수용한다. 모든 것이 다 용서되고, "우리 OO이 왜 그랬어요? 아팠어요? 엄마가 잘못했어요. 아빠가 우리 OO이 얼마나 사랑하는데요! 어이쿠 잘했어요!" 등 모든 것을 말로 표현하지 못할 만큼 사랑으로 아이들과 소통하는 달인이 바로 '부모'였다.

그런데 정작 대화를 할 수 있는 단어를 많이 알고 있고, 많은 부분에서 소통해야 할 나이가 '사춘기'임에도 불구하고, 오히려 사춘기가 된 자녀들에게 부모는 "해!", "하지 마!", "엄마가 말한 걸 들어!", "아빠 말이 맞아!" 등의 지시적인 어투가 대부분이다.

그나마 대화를 하려고 하는 부모들의 언어는 '닫혀 있는 질문'[1)]이 많다.

"공부 열심히 했어?"

"학원 숙제는 했어?"

"세수했어? 발 씻었어? 이는 닦았어?"

"학교 다녀왔냐?"

"잘 시간이지?"

"공부하러 방에 들어가야지?"

1) 흔히 '닫힌 질문', '폐쇄형 질문'이라고 하지만 빠르게 정보를 수집하는 용도에는 적합한 질문 기술이기도 하다.

"어른한테 그러면 되겠니?"

"돼? 안 돼?"

도저히 대화하라고는 할 수 없는 말들이 사춘기 자녀와 부모와의 대화 속에서 난무한다. 아이들은 진심으로 말할 수 있는 대화 상대가 필요하다. 그래서 사춘기 아이들은 '친구'가 필요하다. 그런데 친구 이전에 세상에서 가장 소중하고 진실한 소통의 근원지는 '가정'이고 그 상대는 '가족'이어야 한다.

#2

내 새끼를 내가 더 잘 알지

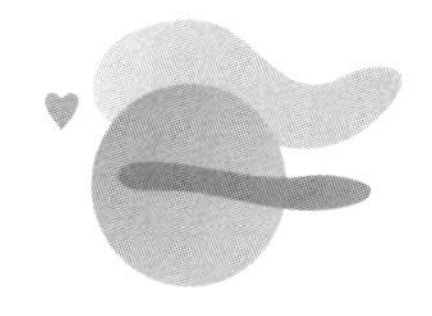

한 인간이 나고 자라는 가정이야말로 아이의 인성과 사회성을 기르는 가장 기초적인 공동체이다. 더욱이 가치가 있는 이유는 '가정은 건강한 소통의 뿌리'가 되는 근원지이기 때문이다. 예전이나 지금이나 대한민국의 부모교육 참여 상황을 보면, 크게 두 부류의 사람들이 있다.

한 부류는 열정적인 참여자들이다. 이 부류의 부모들은 학교 행사에도 열정적이고 자녀에게도 열정적이다. 많은 시간을 할애해서 자녀 교육에 힘쓰고 있으며, 교육청이든 방송국이든 좋은 강의를 듣는 데 시간과 비용을 아끼지 않는다. 특히 저명한 강사들의 강연은 놓치지 않고 들으려고 애쓰며 그들의 저서도 읽기까지 한다. 어떻게든 '내 아이를 잘 키우기 위해서' 말이다.

다른 한 부류는 자녀에 대한 교육에 무감각하거나 무관심한 분들이다. 유치원부터 고등학교까지…… 교육 기관을 비롯한 교육청, 단체, 방송 등 그 어디에서 열리는 교육이나 세미나에도 참석하지 않고 책도 정보도 모르는 분들이다. 이 부류에는 경제적인 이유로 너무 바쁘거나 삶 자체가 힘든 이유로 관심을 가지지 못하는 분들도 있다. 하지만 교육의 중요성을 모르고 그냥 지나치는 경우가 훨씬 많을 것이다. 그중에는 "내가 키우는 방식이 옳아!", "내 새끼를 내가 잘 알지. 누가 더 잘 알아?"라는 언어와 생각으로 자녀에 대한 자신만의 정보와 신념을 너무 믿는 나머지 다른 정보를 무시한다.

여기에서 중요한 것은 두 부류 중 어느 한 부류는 탁월하고, 다른 한 부류는 문제 집단이라는 말을 하려는 것이 아니다. 둘의 조합이 중요하다. 전자의 부류 가운데는 부모로서가 아니라 지적인 현대인으로서 교양적인 정보를 수집하는 일에 만족하는 무리도 있기 때문이다. 자칫 '책 한 권만 읽은 사람'이 될 수 있다. "어떤 강사가 이렇게 하라는데, 어떤 전문가가 말하기를 이렇게 교육하라고 했는데, 그분이 내 생각과 맞아!" 등의 생각으로 나의 자녀와의 소통을 위해서가 아니라 내 성향에 맞는 소통의 방법을 알기만 할 뿐이다.

후자의 경우는 더 심각해진다. 전자는 다양한 교육을 받아서 다양한 정보를 수집하여 시도도 해보고 수정하고 보완이라도 할 수 있다. 하지만 자기중심적인[2] 가정은 건강한 소통의 뿌리가 되는 근원지라고는 했지만, 실상 '가정'이라는 소사회를 열어보면 서로가 서로에 대한 정보도 무지하고 소통하는 기술도 부족하다. 또한, 자존감 높은 아이로 키우기 위해 노력하지만, 이론적인 것보다 더 중요한 것은 부모의 올바른 양육 태도의 정립과 실제로 그것을 아이에게 행동으로 보여주는 것이다.

흔히들, 인간의 욕구에 대해 말할 때 우리가 빼놓지 않고 듣게 되는 이론이 바로 '매슬로우의 욕구 단계 이론(또는 욕구 위계론)'이다. 이 이론에 따르면 인간은 충족되어야 할 욕구에 위계가 정해져 있다고 한다. 그러나 나는 그렇게 생각하지 않는다. 사랑과 관심이 없는 양육은 그야말로 '사육'이나 마찬가지다.

동물조차도 자신을 돌봐주는 주인이 애정 없이 먹을 것을 주거나 지낼 수 있는 공간만 공급해준다고 해서 만족하지 않는다. 사랑과 소속에 대한 욕구야말로 모든 욕구 단계에 영향을 주는

---

2) 여기서 '자기중심적'이라는 의미는 자신(부모 당사자)의 '원가족에게 영향을 받은 대로'가 맞을 것이다. 자신은 부모로부터 좋은 영향과 그렇지 않은 영향이 다 내재되어 있다. 그렇기 때문에 수정해야 할 사항들을 수정하지 못하고 교육의 현장에서 나타날 때가 있다.

가장 큰 포용 단계가 아닌가 생각한다. 사랑이 기반이 된 생리적 욕구, 사랑이 기반이 된 안전한 욕구일 때에야 비로소 인간은 만족감을 느끼는 것이다.

우리가 평소에도 자주 경험하듯이, 기본적으로 마음이 편안하고 애정을 받고 있다는 생각이 들어야 먹는 것이나 자는 것도 더불어 편안해질 수 있다. 여기저기 방어막을 치고, CCTV를 달고, 이런저런 안전 시스템을 구비한다고 해서 심리적인 안정감을 느낄 수 있는 게 아니라 애정, 즉 애착이 뒷받침되어야 진정한 안정감을 느낄 수 있다는 것이다.

가정과 사회 안팎에서 들려오는 '자존감'이라는 단어 역시 '사랑'과 연결되어 있다. '내가 부모에게 사랑받고 있다!'라고 생각하는 아이들은 자연스럽게 자존감이 높을 수밖에 없다. 이러한 사랑과 지지를 받은 아이는 건강한 자아상을 만들고 자아실현('성공'이라는 단어와는 다른 의미이다.)을 이룬다. 그러므로 아이가 느끼는 '부모'라는 존재의 의미와 부모의 성향이 아이에게 어떻게 수용되는지를 먼저 이해하는 것이 중요하다.

김연아, 박지성, 박태환, 타이거 우즈 등 이름만 들어도 알 수 있는 최고의 스포츠 선수들 곁에는 항상 '코치'라 불리는 사람들이 따라붙는다. 왜 최고의 선수들에게 코치가 필요한 것일까? 코치는 선수가 더욱 좋은 결과를 만들 수 있도록 독려하고, 어려움을 알아채 그것을 극복할 수 있도록 도와주는 역할을 하면서 선수가 더욱 운동에 집중할 수 있게 뒷받침해준다. 꼭 운동선수들만이 아니라 우리 아이들에게도 '코치'와 같은 사람들이 절실히 필요하다.

그 역할을 가정에서 부모가 해줄 수 있다면 가장 이상적이다. 그렇지만, 가정에서 그러한 분위기가 만들어지지 않는다면 학교 또는 상담 기관에서라도 정상적인 코치의 역할을 해줄 수 있어야 한다.

청소년 상담을 하면서 느끼는 가장 중요한 점은 아이뿐만 아니라 아이가 처한 가정환경을 반드시 분석해야 한다는 것이다. 아이를 이해하기 위해서는 반드시 그 가정을 들여다보아야 한다. 따라서 아이만 상담해서는 정확한 상담이나 코칭의 효과를 거두는 것이 조금 어려울 수 있다. 상담이나 코칭을 하는 데 있어서 가장 중요하게 뒷받침되어야 하는 것은 '균형적인 삶의 자리', 즉 아이가 다시 살아가야 하는 삶의 현장인 가정, 학교, 사회의 균형(balance)를 이루는 것이다. 가정과 학교, 사회가 더불어 아이를 보듬어야 비로소 제대로 된 상담이나 코칭의 효과가 나타난다.

그러나 사실, 아이가 사회의 제도나 학교에서 불안하더라도 가정이 안정되어 있고, 가정에서 아이들이 마음 편하게 쉬거나 친밀감을 느낄 수 있는 공간이 될 수 있다면 이보다 좋은 것은 없다. 학교나 사회라는 곳은 타인과의 사회성이 요구되는 공간이기 때문에 늘 불안하고 초조할 수밖에 없다. 언제, 어떤 일이 일어날지 모르는 상황에서 어떻게 대처해야 할지 두려울 수도 있다. 게다가 가정까지 그러한 환경이라면 아이들이 마음 편히 쉴 수 있는 장소가 없는 것이다.

'엄마가 언제 야단치거나 폭발할지 몰라, 아빠가 언제 때릴지 몰라!' 하는 불안감이 항상 아이를 짓누르는 상황이라면 외부의 교사 혹은 상담사나 코치가 아무리 애를 써도 효과가 없다. 특히 청소년을 대상으로 하는 상담과 코칭은 반드시 코치(상담사)와 부모가 함께 참여해야 실제적인 변화와 성장에 더 가까이 다가갈 수 있다. 적어도 부모 중 한 사람이라도 동반되어야 한다.

아이들에게 가장 절실히 필요한 것은 특별하고 대단한 것이 아니다. 마음을 터놓고 이야기할 수 있는 곳, 자신이 겪는 어려움을 함께 공감해주고 극복해 나갈 수 있는 용기를 얻을 수 있는 곳, 힘들고 불안하거나 두려움이 생길 때 기대어 에너지를 얻을 수 있는 곳이다. 그곳이 바로 가정이 되어야 하며 부모는 아이에게 가장 큰 버팀목이자 훌륭한 코치가 되어줄 수 있어야 한다. 이러한 심리적 안정의 기초를 쌓는 것이 소통의 기본이다.

다음의 부모 양육 태도 테스트를 통해 스스로 자신의 양육

스타일을 이해해보는 것도 도움이 될 수 있다. 양육방식에 대한 가장 대표적인 연구는 1960년대 다이애나 바움린드(Diana Baumrind)가 실시한 양육 형태 연구인데, 그녀는 부모가 아동에게 주는 애정(warmth)과 통제(control)의 차원을 이용하여 권위적, 독재적, 허용적 그리고 거부적/무시적 방식의 네 가지 양육방식을 제안했다. 다음의 부모 양육 태도 테스트 역시 이 이론을 참고했다.

비단 실제 부모는 아니지만 부모의 역할을 하는 사람들도 해보기를 권한다. 예를 들면, 조부모, 양부모, 대리부모 등이다.

부모의 양육 태도 TEST

이 TEST는 부모가 자녀와의 관계에서 어떤 유형의 부모인지를 알아보기 위한 검사이며 부모가 어떻게 자녀와 상호작용하는지에 따라 자녀의 현재 및 미래의 삶에 어떠한 영향을 주는지를 알아보는 검사이다. 검사 방법은 문항마다 주어진 각각의 상황에서 부모로서 아이에게 어떤 반응을 주로 나타내는지를 보기 중에서 선택하면 된다.

부모의 양육 태도 검사 문항

1. 식사시간이 얼마 남지 않았는데 당신의 아이가 군것질거리를 먹겠다고 조르자 시어머님(장모님)께서 먹으라고 허락한다면?
   ① 그대로 먹게 내버려둔다.
   ② 안 된다고 하며 못 먹게 한다.
   ③ 밥을 먹고 난 다음에 후식으로 먹게 한다.

2. 당신의 6살 난 아이가 청소년들이 볼 수 있는 만화영화를 보겠다고 떼를 쓴다면?
   ① 보도록 내버려둔다.
   ② 보지 못하게 TV를 끄거나 채널을 다른 프로그램으로 돌린다.
   ③ 아이에게 적합한지 직접 시청한 다음 보게 할 것인지를 결정한다.

3. 당신의 아이가 반짇고리(바느질고리)를 뒤집어엎어 온 방 안에 헤쳐 놓았다면?
   ① 아이니까 그러려니 하고 손수 치운다.
   ② 화를 내며 지금 당장 치우라고 소리 지른다(당장 치워!)
   ③ 화를 내지는 않지만 아이에게 치우게 하고, 다 치울 때까지는 다른 일을 못하게 한다.

4. 아이가 당신이 아끼던 꽃병을 깨뜨려 놓고 옆집 친구가 그랬다고 거짓말을 했다면?
   ① 아깝지만 괜찮다고 이야기한다.
   ② 깨뜨린 것과 거짓말한 것 모두에 대해 야단을 치거나 벌을 준다.
   ③ 거짓말한 것에 대한 야단을 치고, 만약 솔직히 얘기했다면 꽃병을 깬 것에 대해 혼내지 않았을 것이라고 말해준다.

5. 7살짜리 당신의 아이가 서너 살짜리 아이들과 노는 것을 보았다면?
   ① 속은 상하지만 그냥 놀게 내버려둔다.
   ② 당장 놀지 못하게 한다.
   ③ 같이 놀 또래 친구들을 찾아보도록 도와준다.

6. 당신의 아이가 다른 친구를 때려서 상처를 냈다면?
   ① 아이들 싸움이려니 하고 그냥 내버려둔다.
   ② 화가 나서 야단치거나 때론 처벌한다.
   ③ 왜 싸웠는지에 대해 이야기를 나누되, 그래도 싸움은 나쁘다고 따끔히 꾸중한다.

7. 당신의 아이가 유치원(학교)에서 내준 숙제를 이번에도 또 잊고 안 해 간다면?
   ① 선생님께 전화한다.
   ② 그 자리에서 혼을 내고 다시는 그러지 못하도록 다짐해 둔다.
   ③ 더 이상 잊어버리지 않도록 타이르고 다음부터는 알림장을 꼭 확인하도록 도와준다.

8. 당신의 아이가 크레파스로 바닥 전체에 낙서를 했다면?
   ① 낙서할 수 있는 종이를 한 묶음 갖다 주며 웃어넘긴다.
   ② 아이에게 화를 내며 당신이 직접 낙서를 지운 다음, 크레파스를 모두 없애 버린다.

③ 아이 스스로 치우게 하고, 다음부터는 크레파스를 가지고 놀 때 세심히 지도한다.

9. 당신의 아이가 유치원(학교)에서 친구들과 사귀는 데 문제가 생긴다면?
   ① 친구들을 불러서 파티를 열어주고 선물을 나누어주며 당신의 아이와 사이좋게 지내라고 부탁한다.
   ② 바보처럼 친구 하나도 못 사귀냐며 야단을 친다.
   ③ 당신의 자녀와 친구 관계에 관한 이야기를 나누고, 친구를 사귈 수 있도록 단체 활동 프로그램 등에 가입시킨다.

10. 당신의 기분이 언짢은데 자녀가 당신의 관심을 받고자 보챈다면?
   ① 언짢은 기분은 뒤로하고 자녀에게 관심을 기울인다.
   ② 아이에게 짜증내며 '네 아빠(엄마)한테나 가봐!'라고 남편(아내)에게 떠넘긴다.
   ③ 아이에게 당신의 기분이 언짢다는 것을 말하고, 좀 나아지면 함께 놀아주겠다고 한다.

11. 당신의 아이가 블럭쌓기 놀이를 하는데 원하는 대로 잘 되지 않아서 짜증을 부린다면?
   ① 아이의 짜증을 멈추기 위해 옆에서 도와준다.
   ② 짜증 부리지 말라고 야단을 친다.
   ③ 아이에게 짜증을 부리는 대신, 말로 표현하도록 해주고 그 일에 대한 이야기를 나눈다.

12. 당신의 집에는 자녀가 지켜야 할 규칙이 얼마나 많습니까?
   ① 없다.
   ② 많은 규칙이 있고, 규칙마다 이를 어겼을 시 받게 될 꾸중이나 벌이 정해져 있다.

③ 아이의 건강과 안전을 위한 몇 가지의 규칙이 있긴 하나, 상황에 따라 그때그때 대화를 통해 결정한다.

13. 당신이 좋아하는 수제비를 특별히 준비했는데 아이가 먹기 싫다고 한다면?
① 귀찮더라도 아이를 위해 밥을 따로 준비한다.
② 억지로 먹게 한다.
③ 수제비를 조금이라도 먹어보게 한 다음 그래도 싫다면 아이를 위해 밥을 따로 준비한다.

14. 자야 할 시간이 훨씬 지났는데도 아이가 하고 있던 놀이를 더 하고 자겠다며 고집을 피운다면?
① 놀 만큼 더 놀다 자게 한다.
② 당장 가서 자라며 야단치거나 불을 꺼버린다.
③ 그 시각부터 20~30분만 더 놀다 자게 한다.

15. 당신의 아이가 다른 어른의 말을 잘 따르지 않는다면?
① 아직 어리니까 그러려니 하고 내버려둔다.
② 화를 내며 어쨌든 어른의 말을 따르지 않는 건 나쁜 일이기에 야단친다.
③ 어른에 대한 공경심과 그 어른의 말을 왜 따라야 하는지에 대해 이야기를 나눈다.

16. 아이와 함께 쇼핑할 때 쓸모없어 보이는 것들을 아이가 사달라고 조른다면?
① 가능한 한 다 들어준다.
② 화를 내면서 아이의 손목을 잡고 그 상점에서 나온다.
③ 안 된다고 딱 잘라 말하고, 쇼핑을 계속하면서 아이에게 적합한 것을 골라 사준다.

17. 당신은 자녀에게 얼마나 자주 화를 냅니까?
   ① 거의 드물다.
   ② 매일
   ③ 일주일에 한 번 정도

18. 당신의 아이가 자다가 무서운 꿈을 꾸어 당신의 방에서 자겠다고 온다면?
   ① 함께 자도록 해준다.
   ② "당장 네 방에 가서 자!"라고 소리친다.
   ③ 일어나서 아이를 달래준 다음 아이를 방으로 데려가 재운다.

19. 당신의 아이를 생각할 때, 당신이 원하는 가정의 분위기는?
   ① 자유롭고 개방적인 가정
   ② 규율과 질서가 잡힌 가정
   ③ 대화와 화합이 있는 가정

채점 방식 및 결과

각 문항의 선택지 중 1번을 선택한 개수가 A타입의 점수, 2번을 선택한 개수가 B타입의 점수, 3번을 선택한 개수가 C타입의 점수가 된다. 채점 결과에서 가장 많은 개수가 나온 타입이 당신의 양육 태도 유형이다. 만약 2가지 타입이 동일한 개수로 나왔다면 두 가지에 해당하는 유형을 읽어보길 바란다.

A타입 : 허용적·익애적 양육 태도

당신은 자녀에 대해 허용적인 태도를 가지고 있다. 마치 아이를 성인으로 대하듯이 아이가 스스로 결정하도록 허락하는 부모다. 아이에게 어떤 규칙(예: 잠자는 시간, 먹어야 할 음식 등)을 강요하지 않는다. 하지만 이러한 태도가 지나치면 장래에 당신의 자녀는 규칙을 따르는 데 문제가 생길 수 있다. 아이들도 수용할 준비가 되어 있지 않은 결과들에 대해서도 결정을 해야 할 수 있다.
[어른에게 저항, 불복종 / 공격적 / 자기에 대한 낮은 신뢰성 / 쉽게 화를 내지만 회복도 빠름 / 낮은 성취지향성 / 충동적 / 약한 자기통제력 / 목적이 없거나 목표지향적 활동이 적음 / 지배적]

B타입 : 권위주의적 양육 태도
당신은 아마도 자녀에게 많은 것을 요구하면서도 당신은 자녀에게 해주는 것이 별로 없어 보이며 가정의 분위기도 매우 엄격하게 통제되어 있다. 아이는 아마도 성장하면서 어떤 보호도 없는 듯한 상실감을 맛보게 될 수 있으며 의사결정 시 자기 확신이 부족할 수 있다.
[공포와 두려움이 많음 / 스트레스를 쉽게 받음 / 우울·불쾌한 정서 / 목적이 없음 / 쉽게 초조해짐 / 공격적 / 무뚝뚝하고 무관심한 행동이 번갈아 나타남 / 겉으로 드러나진 않으나 배타적임]

C타입 : 민주적이고 균형 잡힌 양육 태도
당신은 아이에게 요구하는 만큼 당신도 자녀에게 돌려주는 타입이다. 아이와 함께 대화를 통해 타협하며 아이에게 확신감과 스스로 자신을 통제하는 방법을 길러주는 부모이다. 부모와 자녀와의 관계는 존경에 바탕을 두고 있으며 자녀는 이러한 가정 분위기 속에서 사회에 적응할 수 있는 능력을 자연스레 배워나가 긍정적인 자아상을 지니게 될 것이다.
[자기 신뢰적 / 높은 스트레스 대처 능력 / 자기 통제적 / 새로운 상황에 대한 흥미와 호기심 / 활동 수준이 높음 / 성인에 대해 협조적 / 쾌활 / 목적지향적 / 성취지향적]

#3

엄마,
저도 대화하고 싶어요

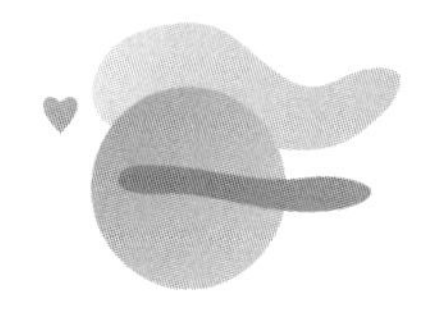

아기는 엄마가 모유 수유를 할 때, 리비도[3)]가 입에 있다고 한다. 프로이트의 성격 발달 이론에 따른 구강기, 항문기(배변 활동), 남근기는 0세에서 약 6세까지이다. 구강기 때는 에릭슨의 심리사회적 이론으로 보면 신뢰감과 불신감의 단계이다. 이때 엄마와 같은 양육자가 일관적인 행동을 취하지 않으면 불안감, 불신감을 줄 수 있다. 심지어 엄마의 얼굴이 무표정할 때 아기는

3) 정신분석학 용어로 성본능(性本能) · 성충동(性衝動), 리비도는 승화되어 정신활동의 에너지가 되기도 한다.

불안을 넘어 울음을 터뜨리게 된다(미국 발달심리학자 에드워드 트로닉의 '무표정실험'). 안정감은 신뢰감으로 수치심은 결국 불신감으로 이어지는 것이다.

배변 활동을 하는 항문기 때도 마찬가지다. 아기에게 있어서 배변은 생산 활동이다. 이때 정서적으로 안정되지 않은 양육자(엄마)가 기저귀를 갈아주면서 얼굴의 표정이 일그러짐이나 공포스러운 분위기(사실 이러한 양육자는 자신의 심리적인 불안으로 호소하는 경우일 수 있다.)로 자신을 바라보고 있는 아기에게 수치심과 두려움을 준다면 아기는 어떤 반응과 감정을 경험하게 될까?

남근기 때도 마찬가지이다. 이러한 시기를 정신적으로 건강하게 보낸 아이들은 프로이트가 생식기라고 하는 12세 이후 사춘기 때 '자아정체감'이 올바르게 형성되고 정립이 된다. 하지만 그렇지 않은 불신감과 수치심이 수정되지 않는 이상 점점 죄책감과 열등감으로 자라고 결국 사춘기라는 시기에 '자아정체감'에 엄청난 혼란을 겪게 된다. 그래서 다양한 일탈행동이나 중독 등으로 나타나는 것이다. 이러한 현상은 '성인기-중년기-노년기'에도 가정과 사회 속에서 해결되지 않은 채 나타나기도 하는데 성인기에는 고립감, 중년기에는 침체감 등으로 등장하게 되는 것이다. 심지어 노년기에도 절망감과 함께 힘든 시간이 될 수 있다.

반면, 건강한 아이들은 친밀감, 생산성, 통합적인 사고가 노년까지도 이루어진다. 대상관계이론가인 로널드 페어베언(W. Ronald D. Fairbairn)은 "자아는 본능의 만족을 위하여 대상을 구하는 것은 아니고, 본래 대상희구적인 것이다"라고 말한다. 이 말은 인간은 대상에 따라서 살아간다는 뜻이다. 따라서 초기 대상이 아주 중요하다.

자아 그 자체가 대상과 관련되는 것이다. 대상관계이론의 창시자인 멜라니 클라인은 좋은 엄마, 나쁜 엄마를 좋은 젖가슴, 나쁜 젖가슴으로 비유하기도 했다. 엄마의 가슴에서 안아주고 두들겨주면서 아이들은 소통이 시작된다는 의미이다.

생후 1년 이내에 이미 편집, 분열 입장과 우울 입장이 서로 왕래하면서 완성되고 일생을 통해서 나타나기도 한다. 아기는 엄마가 모유 수유를 할 때 먹기만 하는 것이 아니다. 엄마의 얼굴도 보고, 애착을 형성하는 것이다. "까꿍!" 하면서 엄마가 웃어주고, 내가 울면 엄마가 같이 울어주는 이 모든 것을 통해 아기는 나라는 존재에 대한 가치를 인정하게 된다.

이때 나쁜 엄마는 자꾸만 좌절을 주는 대상이고 믿지 못하게 되는 것이다. 엄마가 나를 보며 기뻐하지도 않고, 젖을 먹이면서도 얼굴을 보지 않고, 울어도 젖을 주지 않는다. 그러면 아이들은 두려움과 의심으로 편집증적 증상이 나타날 수 있다.

인간은 관계를 통해서 행복해한다. 하인즈 코헛은 '자기대상, 내 마음과 같은 너, 내 수족 같은 자기가 있어야 한다'고 말한다. 그래서 반사 자기대상, 자신의 완벽함과 위대함을 인정해주고 알아주는 자기대상이 바로 엄마인 것이다. 엄마의 역할을 하는 모든 사람이 대상이 된다. 이상적 부모상은 위험한 가운데에서도 동요됨이 없는 평안을 유지할 수 있는 대상, 어떤 어려운 문제도 해결할 수 있는 전능한 자기대상, 절대적인 신뢰를 줄 수 있는 자기대상이다. 사실 반사(Mirroring-Self-Object)만 되어도 아이들은 건강해질 수 있다. 우리가 바라보는 부모는 이런 절대적인 신뢰다.

존재의 관계는 '나와 타인과 자연'의 세 가지 관계로 이루어져 있다. 그래서 나는 대상을 통해 배운다. 최초의 타인, 최초의 대상이 부모이다. 나와 타인을 통해 사회를 배우고, 국가를 배우고, 세계화를 배운다. 또한, 빼놓을 수 없는 존재가 자연이다. 자연도 우리의 도움에 관계가 필요하다. 나와 타인과 자연이 섞여 있는 세계가 바로 세상이다. 그리고 그 모든 것을 주관하시는 분이 신(神)이라는 존재 아니겠는가? 그러니 나라는 존재가 얼마나 중요한 존재인가!

모든 관계는 사랑하고 사랑받는 울타리에서 퍼져나가야 한다. 사랑하고 싶은 욕구, 인정받고 싶은 욕구, 즉 사랑과 인정의 욕구가 채워져야 한다. 아이는 이미 생명이 존재하기 시작할 때부터 소통하고 있었다. 초기 대상인 엄마로부터 세상에까지 아이는 소통하고 싶어한다.

#4

불안과 안정, 그 사이

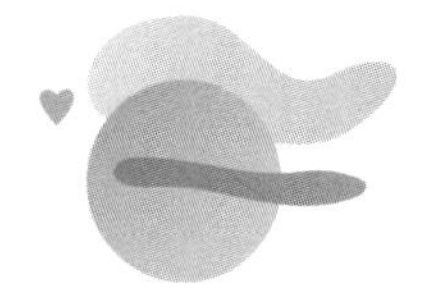

애착이론(attachment theory)의 창시자인 존 보울비(Edward John Mostyn Bowlby, 1907~1990, 영국의 심리학자, 정신과의사, 정신분석학자)가 "애착은 친밀한 특정 대상에 갖는 강한 정서적 유대감이다"라고 했다. 사회적 상호작용을 강조한 보울비는 아기가 우는 것은 양육자인 어머니의 주의를 끌기 위한 생물학적 프로그램이며 '고통 신호'로 여겼다. 이렇듯 아기가 웃음을 짓고 옹알이를 하고 울고 매달리는 것들은 선천적인 사회적, 애착신호임에 틀림없다. 그렇기에 한 아이의 애착 발달은 장기적인 유대관계를 통해서 형성되는 것이다.

애착이론의 핵심은 접촉이론(해리 할로우)이다. 그렇기에 자녀에게 있어서 부모의 역할이 매우 중요하다. 집에서 얼마나 스트로크를 많이 해주냐에 따른 것이다. 애착은 안정애착과 불안정애착으로 구분되며, 통계적으로는 안정애착이 현재 55%로 나타나고 있지만, 현실적으로는 불안정애착이 훨씬 많이 나타나고 있다.

에인스워스의 '낯선상황'실험(The Strange Situation, Mary Ainsworth가 1970년대에 아동들의 애착을 관찰하기 위하여 고안한 절차)을 통하여 우리는 애착유형을 알 수 있다. 흔히, 불안정형(insecure)은 양가형(ambivalent)과 회피형(avoidance)으로 나뉘지만, 이후 혼란형(disorgnized)이 제시되었다.

불안정애착 중에서 먼저 회피형은 아이가 필요할 때 엄마가 없고, 불러도 엄마가 없으면 이제 아이들은 엄마라는 존재에 대해 포기해버린다. 안아주고 반응해주고 어루만져 주지 않으면 엄마에 대해 신뢰하지 않는 것이다. 혼자가 익숙해진다.

이런 아이들은 사회성에서 부정적인 모습을 보인다. 혼자 고립되고, 혼자 생각하고, 어떤 고통이 와도 혼자 참는다. 결국, 성인이 되어서도 사회생활을 제대로 하지 못한다. 이런 사람들은 편집증이 생긴다거나 분열성(지금은 조현성으로 명명함), 성격장애가 드러나고 자기밖에 모르기 때문에 가정이나 자녀를 돌본다는 것은 어렵다.

다음으로 저항형이라 불리는 양가형이다. 양가형은 공격성을 보인다. 회피형은 조용히 지내다가 소리를 지르거나 때로는 혼자 울거나 하는 모습으로 대체로 말이 없는 편이지만 양가형은 그렇지 않다. 양가형은 양육자가 어떨 때는 잘해주고 또 어떨 때는 못 해주고 하면서 일관적이지 않을 때 생긴다. 회피형의 경우에는 아예 일관성 있는 양육이 전혀 없는 상태이고, 저항형은 어떨 때는 허용했다가 어떨 때는 허용하지 않았다가 할 때 나타나는 것이다. 엄마가 일관적인 교육을 하지 않을 때, 일관적인 애착을 주지 않을 때 생긴다. 일관성이 있어야 한다. 늘 엄마가 옆에 있어 주고, 울면 와주고, 배고플 때 젖을 주고, 기저귀를 갈아줌으로써 편안함을 주어야 한다. 하지만 이런 아이들은 상황에 따라서 떼를 쓰고 고집을 부리며 폭력을 행하거나 소리를 지르는 모습을 보인다. 양가형 아이들은 어릴 때 어린이집이나 유치원에서의 생활 모습도 친구를 때린다거나 소리를 지르면서 상당히 폭력적으로 나타난다. 성인이 되어서도 타인보다는 자기중심적인 생각과 행동을 하게 된다.

더군다나 혼란형(혼동형)은 엄마가 정서적으로 안정감이 없는 경우에 생긴다. 아이가 힘들다고 다가오면 나도 힘들다며 밀어버린다거나 아예 반응을 해주지 않을 때 아이들은 엄마한테 가까이 가지 못하면서 혼란을 겪게 된다. 정서적으로 불안과 우울, 즉 기분장애가 자주 나타나곤 한다.

결론적으로 애착은 왜 중요한가? 애착의 형성, 청소년들에게도 아직 애착이 필요하다. 전두엽이 완성되는 시기가 여성은 만 24세, 남성은 만 30세가량으로 보고 있다. 인간의 뇌가 완성되고 이상적으로 판단할 수 있는 나이가 30세는 되어야 한다는 이야기다. 다시 말하면, 그때까지도 아직 '아기'들이다. 가정에서 따뜻한 대화로 충분하게 애착형성이 이루어져야 한다.

"그런 일이 있었구나. 많이 힘들었겠구나. 엄마가 도와줄 건 없니?" 이런 말 한마디가 인간에게 안정감을 주는 것이다. 성인으로서 좋은 생각을 할 수 있고, 좋은 영향을 받아서 바람직한 사회관계를 할 수 있도록 해야 한다. 애착은 자신감, 호기심, 타인과의 관계 등의 원형이 된다는 것이다.

애착형성이 잘된 아이일수록 도전적인 과제 해결, 집중력, 학업 성취도가 높다. 좌절을 잘 견뎌내고 문제 행동이 적어진다. 또 심리적인 면역력이 강하다. 나는 이미 사랑받고 있고, 나는 여전히 누구에게 인정받을 수 있으니까. 나를 누군가가 싫어한다고 하더라도 쉽게 상처받지 않는다. 주변 세계에 대한 신뢰감을 갖고 변화에 대한 대처 능력도 뛰어나다. 따라서 애착은 계속 이루어져야 한다. 가정에서는 가족들 간의 스킨십을 많이 해야 한다. 가족들이 많이 안아주는 것이 중요하다.

불안정 애착형은 사회적 관계에 대한 부정적 기대감을 갖는다. 소극적이고, 충동적이다. 심지어 청소년기에는 우울이나 불안으로 인해 감정, 분노 등의 조절장애를 갖게 된다. 성인이 되어서도 마찬가지다. 대인관계가 부정적으로 발달한다. 쉽게 비난하고 다른 사람을 비아냥거리고 이해하지 않고 분노하며 반사회성을 가지게 되는 것이다. 그렇기에 빨리 회복시키는 것이 중요하다.

#5

통제하는 엄마, 희생하는 엄마, 불안한 엄마

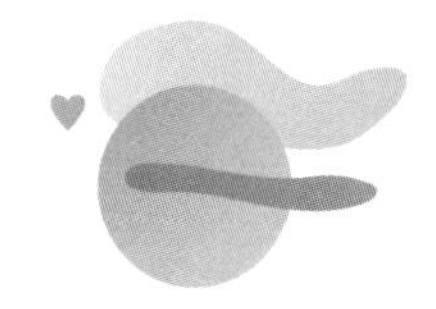

아이가 태어나 가장 먼저 만나는 존재가 바로 엄마다. 배 속에서부터 탯줄로 이어져 엄마로부터 살과 뼈를 만드는 영양분을 공급받았을 뿐 아니라 태어나면서는 생리적 욕구, 소속의 욕구, 안전의 욕구를 동시에 아우르는 사랑을 엄마로부터 얻는다. 엄마와 아이의 친밀한 연결이 계속되면 아이는 점점 더 큰 소속감과 안정감이 생기고 자존감이 높아진다. 이런 아이는 사회에서 어떤 어려운 일을 겪어도 돌아갈 곳이 있다는 굳은 믿음이 형성되어 있어 건강한 자아실현을 이뤄나간다. 따라서 어머니가 어떠한 성향을 가지고 아이를 대하고, 평소 아이에게 어떠한 역할과 태도를 취하느냐에 따라 아이의 성격과 태도, 자존감의 형성 등에 차이를 나타내게 된다. 본 장은《당신은 어떤 어머니입니까(루이 쉬첸회퍼 저, 2005)》를 근거로 상담현장에서 얻은 사례들을 통해 정리하여 실었다.

① 균형을 잃은 모성애, 권력형

이 유형의 어머니는 아이의 사소한 행동까지 모두 통제한다. 심한 경우 말뿐만 아니라 폭력까지 행사하며 아이를 속박한다. 아이가 아무리 잘해도 칭찬보다는 비난과 꾸중을 앞세우고, 아이의 사생활까지 모두 자신의 손바닥에 놓고 보려 하는 유형이다.

권력형 어머니의 말투	권력형 어머니에게서 자란 아이의 말투
"넌 왜 그 모양이니?"	"엄마가 전 그거 못한대요."
"똑바로 못해!"	"이 정도로는 안 된대요."
"그까짓 거 가지고 뭘 해, 더 잘해야지!"	"전, 더 열심히 해야 합니다."
"넌 뭘 해도 안 돼!"	"제가 과연 잘할 수 있을까요?"

권력형 어머니에게서 자란 아이는 일단 매사에 자신감이 없다. 모든 것을 어머니에게 보고해야 하고 지적받는 상황에 놓이기 때문에 자신감이 키워질 수가 없다. 두 번째로는 자기 관철

능력을 잃는다. 매사 어머니의 지시와 명령을 따르다 보니 자신이 왜 이런 행동을 하고 있는지 돌아볼 여유가 없고, 자신의 주장, 의견보다는 어머니의 의견에 무조건 따르고 실행하는 소극적인 태도가 굳어지게 된다.

폭력은 어떠한 경우에라도 가정 내에서 발생해서는 안 되는 범죄이며, 통제나 강압보다는 엄마가 느끼는 감정이나 마음을 아이에게 솔직하게 들려주는 언어습관, 행동이 필요하다.

② 또 다른 이름의 권력, 희생

이 유형의 어머니는 병치레와 지병 때문에 자신의 의지와 상관없이 늘 아프다는 말을 입에 달고 사는 경우와 아이를 위해 온종일 일을 하거나 집안을 돌보는 등 아주 헌신적인 희생을 하는 경우로 나타난다. 병치레가 잦은 어머니는 아이에게 자주 자신이 아파서 가족이 고생하니 "빨리 죽어야 하겠다"라는 말이나 "얼른 떠날 것이다"라는 말로 아이를 위협하는데 이는 또 다른 형태의 권력형이다. 또 자신이 부모나 배우자로부터 받지 못한 사랑을 아이에게서 받고 싶은 마음에 자꾸만 약한 모습을 아이에게 보여줌으로써 애정을 강요하는 태도를 취하기도 한다.

이러한 희생형 어머니 아래에서 자란 아이는 어머니가 자신을 위해 평생 희생했다는 생각을 지울 수 없어서 덩달아 부담스러우리만큼 무거운 책임의식을 갖는다. 맞벌이 가정의 경우에는 주로 첫째 아이가 동생들에게 엄마의 역할을 대신하게 되면서 유년기를 송두리째 잃어버리거나 어머니가 아이에게 지나치게 의지하게 되어 평생 어머니를 돌봐야 하는 표적이 될 수 있다.

희생형 어머니의 말투	희생형 어머니에게서 자란 아이의 말투
"아이고, 죽겠다!"	"아이고 나만 힘들다."
"내가 빨리 죽어야 니들이 편하지."	"내 엄마한테 그러지 마!"(아내에게)
"엄마는 너 하나 바라보고 산다."	"너희(형)들 그러는 것 아냐!"(형제에게)
"네가 말 듣지 않으면 떠난다."	"나는 엄마 때문에 내 어린 시절이 없어."

대한민국 사회에는 권력형과 희생형의 상을 가진 어머니가 많은데, 특히 희생형은 시부모나 남편과의 사이가 원만하지 않을 때 더욱 극명하게 나타난다. 두 유형 모두 자녀를 사랑하는 마음이 큰 것은 틀림없다. 자식을 사랑하지 않는 부모는 없다. 다만 사랑을 받아본 적이 없어서 사랑을 어떻게 주고 표현해야 하는지를 모를 뿐이다. 이런 유형은 자신 또한 부모에게 권력형, 희생형의 양육을 받았을 가능성이 크다. 그러니 부모의 그 모습이 싫었음에도 자신이 보고 배운 것을 그대로 자신의 자녀에게

대물림하게 되는 것이다. 이것이 이 유형의 가장 두드러진 특징이다.

가장 중요한 것은 자신을 사랑할 줄 아는 부모가 되는 것이다. 기존의 과거 패턴대로, 무의식적으로 행동하는 대신, 어머니로서 그런 유형으로 빠질 수 있다는 걸 인지하고 이성적으로 판단할 수 있어야 한다. 자신을 사랑하는 어머니는 아이에게 강요도 하지 않지만, 지나치게 희생하거나 의지하지 않기 때문이다. 어머니로서의 도리만 남을 뿐이다.

③ 답정너, 자기도취형

이 유형의 어머니는 '내 아이는 이런 모습이어야 해, 내 아이만큼은 특정 직업을 갖게 할 거야'처럼 자녀의 미래가 이미 그려져 있는 경우가 많다. 권력형과 희생형이 자녀 중심적인 관점이었다면 자기도취형은 어머니 중심의 관점이다. 자녀를 사랑하는 마음보다는 자녀를 이용해 자신이 이루지 못한 것을 대리만족하거나 자신의 삶을 자녀를 통해 다시 만드는, 마치 꼭두각시 인형처럼 어머니가 조종하는 대로 아이가 살아주기를 원하는 것이다. 자녀의 성공을 위해서라면 불법이나 비합리적인 방법까지 수단과 방법을 가리지 않고 동원하며 만약 자신의 기대가 무너지면 분노를 참지 못하고 폭력을 행사한다거나 극단적인 행동을 하게 되는 유형이다.

이런 유형의 어머니에게서 자란 아이는 혼자 있을 때 자신만의 세계에 빠져 있는 경우가 많다. 자신이 좋아하는 책에 빠져 지낸다든가 혼자 상상과 환영 속에 몰입한다. 엄마가 시키는 대로만 하다 보니 늘 거짓된 모습으로만 살아가고 현실에서는 자기 자신을 잃게 되는 것이다. 또 한편으로는 어머니의 손아귀에서 벗어나기 위해 일탈적인 범죄에 빠지기 쉽다.

자기도취형 어머니의 말투	자기도취형 어머니에게서 자란 아이의 말투
"넌 이런 회사 들어가야 해!"	"저는 저를 잘 모르겠는데요."
"그건 아니지, 옷은 이런 걸 입어야지."	"엄마, 저는 선택을 못하겠어요."
"어휴, 너 같은 애를 어쩌겠니."	말없이 혼자만의 취미 생활(게임)
"네가 뭘 하겠니? 네가 그렇지 뭐."	"저는 할 줄 아는 게 없어요!"(타인에게)

인간에게 있어 가장 중요한 것이 의사결정능력이다. 특히 자기도취형 어머니에게서 자란 아이들은 철저하게 의사결정능력을 상실한다. 늘 어머니의 간섭과 정해진 플랜(plan)대로 살아가야 하기에 자신이 의사결정을 할 기회가 없다.

만약 이런 어머니 유형 밑에서 자란 아들이 결혼을 하면 쉽게 외도할 수 있다. 아내에게서 엄마와 같은 모습을 발견하게 되면

'엄마에게서 도망가야겠다'라는 심리가 발동하기 때문이다. 자신이 의사결정능력이 없으니 아내가 집안의 이것저것을 결정하게 되고 한편으로는 그것이 편하면서도 아내의 그런 모습에서 엄마를 발견하며 불안해하는 것이다.

④ 사라진 모성애, 애정결핍형

애정결핍형, 역시 자기도취형과 마찬가지로 어머니 중심적인 유형이다. 아이를 하나의 인격체로서 대우해주는 것이 아니라 마치 자신이 가지고 주무를 수 있는 인형처럼 취급하며 로봇처럼 다룬다. 자신의 마음에 드는 아이만 사랑하거나 스킨십을 잘 못하고 칭찬이나 감정 표현을 아이에게 전혀 하지 못한다. 결국 아이에게 어떠한 애정도 느끼지 못하는 유형이다. 원인은 무관심에 있으며 애정결핍형은 자녀와의 관계뿐 아니라 부부와의 관계에서도 건강하지 못한 경우가 많다.

이 유형의 어머니에게서 자란 아이는 자신이 어머니에게 느낀 그대로를 자신의 자녀에게도 똑같이 대물림하게 되고, 감정 표현이 부족하며 심지어 감정이라는 것에 지나친 불신을 갖게 된다. 자신의 감정이 가족들로부터 공감을 받거나 감정에 대해 인정을 받아본 경험이 없기 때문이다. 그럼에도 불구하고, 사회생활이나 업무적인 측면에서는 주변 사람들로부터 인정받고 싶어 하는 욕구가 강하다.

또 어머니의 존재에 대해 이중적인 심리가 나타나는데, 어머니가 필요하다고는 생각하지만, 어머니에 대한 그리움이나 사랑, 애처로움과 같은 느낌을 전혀 가지지 못한다. 어머니가 그렇게 대해왔기 때문에 아이도 똑같이 '엄마는 나를 사랑하는 걸까?' 계속 의심하고 불신하게 되는 것이다.

애정결핍형 어머니의 말투	애정결핍형 어머니에게서 자란 아이의 말투
"애가 왜 엄마를 귀찮게 하고 이래?"	"엄마는 저를 사랑하지 않아요."
"저리 좀 떨어져!"	"엄마는 저를 귀찮게 여겨요."
"네가 낫다!"(편애적)	자존감이 낮은 말투 "저는 괜찮아요!"
건조하고 딱딱한 말투	역시 건조하고 딱딱한 말투(공감 부족)

사실, 권력형과 희생형은 가족치료에 참여만 한다면 많은 부분 회복이 되지만, 자기도취형과 애정결핍형은 어머니 개인상담이 함께 필요한 상황이다.

부모 중에서 어머니 유형은 애착이론과 밀접한 관련이 있다. 일반적으로 안정형 애착관계를 가진 아이는 어머니와 아주 친밀한 관계를 갖는다. 안정적인 애착관계에서는 서로 다정하게, 때로는 속상한 자신의 감정도 그대로 표현할 수 있다. 즉 어머니와 굉장히 인간적인 친밀함을 가지고 있는 것이다. 반면에 앞서 알아본 네 가지의 어머니 유형은 불안정형 애착관계로 아이가 어머니를 무서워하거나 두려워하고, 불안해하며, 불편해한다.

#6

화내는 아빠, 무뚝뚝한 아빠, 연약한 아빠

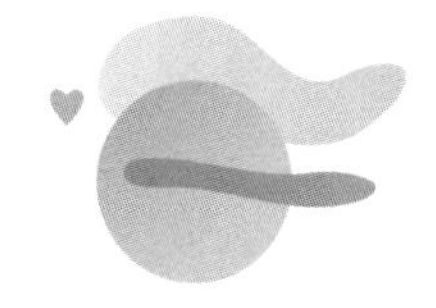

어머니가 아이의 감성 모델이라면 아버지는 과연 어떤 존재일까? 어쩌면 아버지는 안정감과 불안감 사이에 존재하는 어떤 우상과 같다. 마치 태양이 숨 막히게 내리쬐고 있는 아주 넓은 들판에 서 있는 큰 나무처럼 말이다. 어머니가 태양의 작렬한 빛을 제공하며 사랑을 퍼부을 때 때로는 그늘도 필요한 법이다. 희생형이나 권력형 어머니들이 막 아이를 다그치고 사랑이 넘쳐서 그르친 행동으로 나올 때 아버지가 뒤에서 "그래그래, 아빠가 있으니까 염려하지 마. 엄마가 다 널 사랑해서 그러는 거야"라고 감싸줄 수 있는 큰 나무의 그늘, 이것이 바로 아버지의 존재다.

요즘 우리 사회에 고아들이 너무 많다는 생각이 든다. 영적인, 감정적인 고아들이 너무나 많아서 마치 사회가 거대한 고아원 같다. 실제 우리 주위만 둘러봐도 가정에서 이미 상처를 받고, 지금도 상처를 받으며 살아가는 아이들이 참 많다. 어머니 유형에 이어 8가지 아버지 유형을 알아보고 왜 이러한 유형을 가지게 되었는지, 아버지의 성향(변상규 저,《자아상의 치유》 참고)이 어떤 방식으로 아이에게 영향을 끼치는지 알아보자.

① 분노형(억압형)

작은 일에도 분노를 참지 못하고 화를 내는 아버지 밑에서 자란 아이들은 역시 아버지처럼 화를 잘 내는 사람으로 성장하기 마련이다. 아이의 눈에는 잘못이나 실수를 절대 용납하지 않고 늘 때릴 준비를 하는 모습, 인내와 용서란 없고 늘 질책과 짜증을 내는 모습으로 아버지상이 그려진다. 이런 아버지에게서 자란 아이는 항상 불안과 긴장감을 가지고 있다. 또 스스로도 자신에 대해 용납이 없고, 아버지를 짜증스러운 존재로 받아들인다. 심지어 자기 자신도 짜증스러운 존재로 인식하게 된다.

이러한 성향의 아버지가 있는 가정에서 자란 아이는 조직사회에 들어가거나 가정을 꾸리더라도 스스로 인지하지 못하면 아버지의 성향을 그대로 나타낼 가능성이 높다. 그러니 자신이 왜 화를 많이 내는지를 인지하고 화가 나는 순간을 캐치해내는 인지적 치료를 받아야 한다. 감정코칭과 라이프코칭을 통해서 화를 밖으로 표출하기보다는 감정을 어떻게 다스릴 것인가에 대한 대화 훈련, 소통 훈련이 필요하다.

② 근엄형(과묵형)

가부장적인 아버지의 대표적인 유형으로 가족들과 있어도 과묵하여 소통이 없고, 정서적 · 감정적으로 표현이 없으며 자신을 드러내지 않는 무표정한 아버지상이다. 가정에서 어떠한 일이 벌어지더라도 기쁨이나 슬픔 등의 감정을 표현하지 않고, 늘 가족을 통치하기 위해 거리감을 유지하며 위엄을 유지하는 스타일이다. 가족과 친밀한 감정이 없기 때문에 매사 사무적으로 응대하기 쉽고, 큰일 외에는 관심이 없다.

이러한 성향의 아버지가 있는 가정에서 자란 아이는 작은 일이든 큰일이든 아버지와 의논하여 문제를 해결하려 하지 않고, 그 외로움을 극복하기 위해 게임이나 술, 담배, 섹스 등에 중독되는 현상을 보이는 경우도 있다. 아버지와 평범한 대화를 나누기가 어려워지니 아이의 마음은 점점 쓸쓸하고 외로워진다.

가족이 모두 함께 가족치료에 참여하여 꾸준한 의사소통훈련을 하고 정기적(월 1회이상)으로 가족회의 등을 만들어 실천한다면 회복의 속도는 빠를 것이다.

③ 연약형(무능력형)

신체적으로 연약하기도 하고 사람 만나는 것을 두려워하는 유형으로, 기본적인 성향이 자신감이 없고 소심하다. 아버지가 이러한 가정은 보통 역성화(성역할이 바뀜)되어 어머니가 집안의 권위를 가지고 집안의 모든 대소사를 관리한다. 그전에는 일반적인 성 역할이 아버지 중심 사회였다면 이 유형은 어머니가 집안의 주도권을 잡고 경제적인 면만 아니라 여러 가지 면에서 중심 역할을 하는 가정이다. 그러나 아버지는 아이에게 젖을 물리거나 어머니만이 아이와 주고받을 수 있는 감성적인 소통을 하기에는 부족한 점이 있어 어머니의 성 역할을 고스란히 실현해낼 수 없다는 문제가 있다. 따라서 이러한 가정은 유약한 아버지, 유약한 남편에 대한 존재감 부여를 잘 해주어야 할 필요가 있다.

이러한 성향의 아버지가 있는 가정에서 자란 아이는 전적으로 아버지를 신뢰하지 못하고, 아들의 경우에는 어머니처럼 강한 여자를 싫어하면서도 성인이 되었을 때 또다시 어머니와 같은 여성을 선택하고 분노할 가능성이 높다. 딸은 아버지처럼 유약한 남자를 싫어하면서도 비슷한 성향의 배우자를 만나 애정을 느끼고 또 살아가면서 어머니처럼 자기가 경제력을 동반한 주도권을 가지고 모든 집안의 대소사를 맡게 될 확률이 높다.

④ 기러기형(부재형)

이혼이나 사망 혹은 해외 근무나 군인의 직업을 가져 사실상 가정을 돌볼 수 없는 아버지 그리고 기러기 유형이다. 이러한 가정에서 아이들이 느끼는 심리적인 반응은 늘 불안하고 쉴 곳이 없다고 느낀다. 아버지에 대한 경험이 없기 때문에 현실적인 인식이 없고, 어머니가 혼자서 때로는 감성적이었다가 때로는 현실적인 인식을 심어주었다가 하며 왔다 갔다 하기 때문에 안정되어 있지 않고 정해지지 않은 길 위에 있는 느낌을 받게 된다. 아내에게도 결국은 남편의 역할이 힘들어진다. 이 역시 아버지의 부재가 소통의 부재를 낳은 것이다.

⑤ 중독형

알코올 중독에 빠져 있는 아버지의 유형이다. 특히 이러한 병적인 증세를 앓고 있는 아버지를 둔 가정의 아이는 정서적인 고통이 아주 크다. 늘 아버지가 소리를 지르고, 집 안의 물건을 부수거나 가족들에게 폭력을 행사하며 두려움과 공포감을 조성하기 때문이다. 그렇기 때문에 아이는 아버지에 대한 수치심과 부끄러움을 느끼고 남들에게 부모의 이야기를 하지 못하게 되면서 점점 스스로 자존감이 낮아지고 위축되어 있게 된다.

중독에 빠진 아버지가 있는 가정에서 자란 아이는 오히려 가족들에 대한 충성심이 높고, 어디에 소속되어 있든 열성적으로 자신을 희생한다. 아버지로 인해 정서적으로 미성숙하고 불안하기 때문에 스스로 뭔가 열심히 해야 하고, 아버지는 실패했으니 자신은 반드시 성공해야 한다는 의지가 불타오르는 것이다. 그러나 이 성향 역시 아버지와 같은 중독 현상이라 볼 수 있다. 일중독이거나 종교에 깊이 빠져든다든가 지나치게 아버지와 반대되는 모습으로 살아가려 하지만 마치 무언가에 중독된 사람과 비슷하게 보이는 것이다.

이러한 성향의 아버지가 있는 가정에서 자란 아이는 사람과의 사랑이나 애착을 느끼는 데 매우 어려움을 느끼고, 조직적인 곳이나 열성을 요구하는 곳에 쉽게 빠질 수 있다. 이 경우 아버지는 반드시 전문가의 도움을 받아야 할 상황이다.

⑥ 상실형(무책임형)

세계적으로도 비일비재하게 일어나는 일이며 현재 보육시설에 수용된 아이의 70% 이상이 부모가 생존해 있는데도 버려진 아이들이라고 한다. 실제로 예전에 캠프와 특강으로 출강했던 한 학교는 30% 정도의 인원이 시설에 있었던 아이들로 구성되어 있었다. 강의가 끝나고 "저희 아버지가 되어주시면 안 돼요?" 하며 나에게 안기는 아이들을 보며 참 가슴이 아팠던 기억이 있다.

이렇게 부모로부터 버려짐을 경험한 아이들은 안타깝게도 자신을 쉽게 버리는 경향이 있다. 스스로를 하찮게 여기거나 막 살아가는 태도를 나타내기도 한다. 부모도 나를 버렸는데 내가 나를 버리지 못할 이유가 없다는 심리 때문이다. 또 부모에게 버려진 아이들은 사회적 인식 때문에 주변으로부터 '그런 아이'라는 대우를 받으면서 범죄나 안 좋은 일에 더 빠져들게 된다.

⑦ 애정결핍형(실망형)

이 유형은 예를 들어, 장애아를 출산했거나 미혼모인 경우, 몰래 낳거나 어디선가 아이를 데려와 키우는 경우 등이 속할 수 있다. 부모의 체면 때문에 자녀를 부끄러워하고 자녀에 대해 속으로 화를 내며 실망하거나 자녀의 부족한 부분을 절대 용납하지 못하는 아버지 유형이다.

이러한 성향의 아버지가 있는 가정에서 자란 아이는 수치심, 열등감, 불신을 가지고 살아갈 수밖에 없다. 대체로 소극적이고 자신감이 없으며 사람을 잘 믿지 못하게 된다. 스스로 고립을 택하고 스스로 소외되는 삶을 살아갈 확률이 높아지는 것이다.

⑧ 폭력형(범죄형)

가족 간의 범죄는 절대로 용납되어서는 안 되는 중대한 죄악이다. 일반적으로 이런 환경을 경험한 아이들은 평생 지울 수 없는 상처를 안고 살아가게 되며 어떤 훈련이나 정신 수양을 하더라도 쉽게 잊을 수가 없을뿐더러 치료도 힘들다.

이러한 성향의 아버지가 있는 가정에서 자란 아이는 기본적으로 가정과 사회에 대한 두려움을 가지고 있다. 또 그러한 두려움에서 탈출하고 싶은 마음에 독립을 꿈꾸지만 복수, 보복에 대한 마음을 품거나 반사회적인 행동들을 저지를 가능성이 높다.

가정에서만큼은 절대 폭력이 난무해서는 안 되며 부모로서 아이에게 폭력적인 행동을 하게 되더라도 그것을 인식하게 되면 무조건 자녀에게 용서를 구해야 한다. 그러나 폭력과 용서를 구하는 행위가 계속 반복되어서도 안 된다.

위 상실형, 애정결핍형, 폭력형의 아버지 역할을 하는 가정은 안전한 시설과 함께 정신건강면에서의 충분한 상담참여와 멘토링 프로그램 등이 절실히 필요하다.

청소년 코칭에서는 부모의 코칭이 함께 이루어져야 효과가 더욱 크다. 상담을 진행하다 보면 "아버님은 요즘 어떠세요? 어머님은 다른 힘든 것이나 고민이 있으세요?"라는 물음을 통해 자신의 상황을 현실적으로 바라보고 문제를 터뜨리면서 아이에게 잘못한 것을 인정하는 부모들이 꽤 많다. 그런 의미에서 아이와 관련된 문제는 아이 하나로 해결되는 경우가 거의 없다고 볼 수 있는 것이다.

아이들은 부모의 언어, 행동, 눈빛, 손길에 담긴 사랑을 먹고 산다. 부모가 자녀에게 사랑을 표현하면 할수록 아이들은 그 사랑을 받아 다시 세상에 사랑을 나눌 수 있는 사람으로 자라난다. 사랑이 바탕이 되면 인성, 실력, 진로, 학습 모든 방면에서 자신의 역량을 마음껏 발휘할 수 있는 사람이 되는 것이다.

#7

아이의 발달 타이밍에 민감하자

10대를 이해하기 이전에 부모로서 혹은 교사와 코치로서 아이의 발달 타이밍을 이해하는 것은 무엇보다 중요하다. 아이의 발달과정을 인지하고 단계마다 아이에게 필요한 것들을 제공해줌으로써 시기마다 올바른 성장을 도울 수 있기 때문이다.

먼저 아동기 이전의 '영유아기(출생~만 5세)'는 많은 심리학자들이 공통적으로 부모의 역할이 매우 중요하다고 말한다. 사실 이 시기에 뇌발달이 80% 이상 완성된다. 특별히 우리 인간들은 '거울 뉴런', 보는 것에 아주 민감하다. 보는 것에 따라 반사적으로 행동하는 것들이 많다. 포유류는 태어나서 얼마 지나지 않아 스스로 어미에게 다가가 젖을 빨거나 걸어 다니지만 인간은 그렇지 못하다. 바로 걷지도 못하고 누군가의 돌봄이 필요하다. 영유아 시기에는 누구를 만나고 또 어떤 것을 보느냐가 매우 중요하다. 엄마의 배 속에서부터 이 시기까지 점진적으로 아이들이 기억된 대로, 본 대로, 들은 대로 나중에는 사회에서 활동하게 된다.

갓 태어난 아이들이 간호사의 손가락을 꼭 잡고 있는 모습을 종종 TV(주로, 교육방송)나 유튜브 등에서 볼 수 있다. 이를 통해 아기의 본능이 어디에 집착되어 있는지를 알 수 있다. 아기의 손아귀 힘은 우리가 생각하는 것보다 엄청나다. 이는 마치 성인이 절벽 아래로 떨어질 위기일 때 목숨을 다해 나뭇가지를 붙잡고 있는 모습이라고 볼 수 있다. 이처럼 영유아의 아이들에게는 건강하게 보살피고 보호해줄 대상이 필요하다. 그 대상은 엄마, 아빠 또는 좋은 부모 역할을 할 수 있는 누군가다. 아이의 성품적인 특성들, 인성적인 것들은 이 대상에 기반을 두고 나타난다.

영유아기를 지나 학령기를 포함한 만 12세까지를 '아동기'(만 6~12세)라 하는데, 아동기에는 뇌세포의 양이 태어났을 때보다 두 배가량 많아지는 상당히 중요한 시기다. 이 시기에는 여러 가지 체험, 다양한 볼거리 등을 통해 많은 정보를 받아들여야 한다. 많은 정보가 없으면 아주 획일적인 정보 아래에서 살아가게 된다. 주로 '학령기'라고 한다. 그래서 초등학교를 다니는 이 시기에는 아동들의 활동 중심이 가정에서 학교로 바뀌면서 교사나 부모에 대한 동일시 과정을 통해 아이들이 성장한다. 이러한 이유로 교사와 부모의 역할이 상당히 중요한 시기다. 가정이나 주변의 성인, 또래의 모습을 통해 개성을 발달시키는 단계이기 때문이다. 이처럼 아동기에는 보고 배울 수 있는 롤모델이 무엇보다도 중요하다.

그리고 아동기에는 신체가 급속도로 발달하는데 영유아기의 아이들과 비교해보면 신체 성장 속도가 완만하게 크다. 6세의 경우 뇌 무게가 거의 성인 수준이다. 머리 크기는 자신의 키의 1/8~1/7 정도 되고, 보통 여아보다 남아가 더 빨리 성장하는 시기다. 근육이 발달하여 일부 성장통을 경험하는 아이들이 있다. 최근 들어 아동기 말에 사춘기를 겪는 경우가 점점 늘고 있다. 요즘에는 소위 '초4병'이라고 하는 초등학교 4~5학년 때부터 사춘기 증세가 나타나기도 한다. 이러한 성숙의 가속화 현상은 좋은 먹을거리로 영양분을 많이 섭취하여 신체적 발달이 빨라지고 환경적으로는 성적인 자극에 쉽게 노출되는 사회 모습과 현상 때문이다.

또한, 아동기에는 운동 능력도 발달하게 되는데 이때 아이들은 자전거, 스케이팅, 수영, 줄넘기, 축구 등 활동적인 운동을 좋아한다. 이 시기에 충분히 운동하고 건전한 취미활동으로 에너지를 방출하는 것이 신체적 및 정신적 건강에 큰 도움이 된다. 더하여 친구와의 관계를 중요시하는 시기로, 부모보다 친구를 더 좋아하고 또래 집단과의 놀이나 운동을 통해 규칙을 발견하고 준수한다. 이 시기에 아이들이 활동적으로 생활하는 것이 정말 중요하다. 아이들이 너무 축구만 한다고 속상해할 필요가 없다. 그것이 지극히 건강하게 성장하는 과정이다. 따라서 이 시기에는 성장과 관련한 건강 관리도 필요하다. 요즘에는 패스트푸드(fast food)에 많이 노출되어 비만 아이들이 많고, 환경적인 요인으로 인해 천식이나 알레르기를 앓는 아이들도 많다. 음식을 골고루 섭취하고 적당히 운동하는 훈련으로 건강하게 질병을 관리할 수 있어야 한다.

이제부터 기술하는 내용은 너무 중요하다. 그 이유는 아동기 발달 시기에 적합하지 못한 아동들의 발달장애가 점점 더 늘어나고 있는 현실 때문이다.

일단, 6세의 경우에는 대근육과 소근육 등의 근육이 발달하는 시기다. 이때부터는 적절하게 몸과 발을 움직여 공을 던질 수 있고, 그림을 그리거나 색칠하는 것을 좋아하며, 신발 끈을 묶고 옷을 여밀 수 있다.

7세가 되면 바닥에 그려진 그림을 따라 한 발이나 두 발로 뛰어다닐 수 있게 되는데 팔 벌려 뛰기를 할 수 있고, 오랜 시간 같은 자세를 유지할 수도 있다. 손의 움직임이 안정되고 크레파스보다는 연필을 선호하기 시작하며, 철자를 거꾸로 쓰는 것이 줄어든다. 그림이나 글씨가 이전에 비해 점점 작아지면서 조금씩 인지능력이 향상된다.

8세가 되면 다양한 방식으로 리듬감 있게 뛰기를 할 수 있고, 쥐는 힘이 강해져 먼지 털기나 쓸기 같은 집안일을 도울 수 있다. 이때 규칙적으로 가족과 아이들이 함께 집안 청소를 하는 것이 좋다. 이것도 일종의 사회성 훈련이라고 할 수 있다.

9세의 경우 점프나 제자리 멀리뛰기 등을 할 수 있는데, 간혹 평균치보다 못할 수도 있지만 계속 운동할 수 있도록 독려하면 아이들의 근육이 발달단계에 맞춰 정상적으로 발달할 수 있다. 손을 더 원활하게 사용할 수 있고, 철자 크기가 더 작아지고 일정해진다.

10세가 되면 팔의 힘이 생겨 공 던지기를 할 경우, 여아는 평균 15미터, 남아는 28미터 정도를 던질 수 있다. 이때 부모는 몸으로 하는 놀이나 스포츠를 통해 아이들과 성장발달, 신체발달을 함께 공유하는 것이 좋다. 간단한 수선 작업이나 음식 등을 만들 수 있다. 이 시기에는 여아가 남아보다 소근육 기술이 앞서게 된다.

11세가 되면 여아는 평균 28센티미터, 남아는 31센티미터까지 위로 뛰어오를 수 있고 멀리뛰기도 잘한다. 소근육 발달로 인해 정교한 공예품을 만들 수 있는 시기다.

아이들의 인지능력도 성장함에 따라 발달하게 되는데 피아제의 인지발달 단계에서 아동기에는 구체적 조작기에 해당하며 보존개념, 탈중심화, 유목화, 조합의 능력을 얻는다고 한다. 이 피아제 인지발달에서 벗어난 것이 사교육, 즉 선행학습이다. 선행학습은 인지발달에 근거한 교육이 아니라 성적 향상만을 위한 교육이다. 반면 학교의 공교육은 교과서 자체가 발달에 따른 단계별 학습으로 되어 있다. 선행학습을 주도하고 있는 일부 사교육 학원들은 기출문제, 연도별 문제, 확률적인 문제들을 가지고 문제 맞히는 훈련을 하는 것으로 인지발달 개념과는 전혀 관계가 없는 것이다.

그렇다면 이러한 인지발달이 왜 중요할까? 구체적 조작기에 대해 알아보자.

첫째, 보존 개념이다. 대상의 외양이 바뀌어도 개수, 부피, 길이, 질량과 같은 속성은 변하지 않는다는 것을 처음으로 이해하는 단계가 바로 아동기다. 6~7세 때는 물질을 보존할 수 있고, 9~10세는 무게를 보존할 수 있으며, 11~12세까지는 부피에 대한 것도 인지할 수 있게 된다. 이를 보존 개념이라고 한다. 이러한 인지발달 단계를 기반해 만들어진 것이 바로 수학이다.

둘째, 탈중심화다. 아이들의 언어 사용이 증가된다. 이때에는 한 상황에 여러 가지 견해가 있다는 것을 인지하고 인식하게 된다. 다른 사람에 대해서 역할 수행 능력이 증가되고 있다. 이처럼 언어의 사용도 증가되고, 생각이나 사고를 비교하게 되면서 아이들이 인지가 발달하는 것이다. 그래서 이때에는 독서가 중요하다. 듣기, 읽기, 쓰기 등과 함께 말하기, 발표하기, 토론하기 등의 훈련이 필요하다. 다른 생각을 들어볼 수 있고, 그 사람의 생각과 내 생각을 비교할 수 있으며, 무엇이 어떻게 틀리고 다른지를 학습할 수 있는 단계인 것이다.

셋째, 유목화이다. 유목화는 집합의 의미이다. 집합은 초등학교-중학교-고등학교로 갈수록 점진적으로 더욱 심화되는데 아동기 때 이미 집합이라는 개념을 알게 된다. 대상들을 어떤 차원에 따라 집단화할 수 있는 능력이 바로 유목화이다. 단순유목화는 물체를 한 가지 속성에 따라 단순화하여 분류하는 것이다(큰 물건, 작은 물건 등). 다중유목화는 식물, 동물 또는 사람, 짐승과 같이 단순하게 분류를 시작하여 점점 집합의 개념이 늘어나는 것이다(빨간 옷을 입은 사람, 노란 옷을 입은 사람, 키가 큰 사람, 작은 사람 등). 이렇게 사고가 확장되면서 상위 유목과 하위 유목 간의 관계를 이해하게 된다. 《손으로 생각하는 수학》이라는 책에서는 손과 몸이 함께 물체를 보면서 집합에 대한 개념을 익히는 게 훨씬 중요하다고 말한다.

넷째, 조합의 능력이다. 사물의 특성을 양적 차원에 따라 차례로 배열하는 서열화 능력을 획득하는 것이다(차례대로, 크기순대로). 심지어는 두 가지 이상의 차원을 동시에 고려할 때 사물을 배열하는 다중서열 기술도 획득한다. 이때 분류라는 것을 하게 되고 언어도 발달한다. 아동의 새 단어 습득 능력은 이전의 시기에 비해 월등한 진전을 보인다. 이제는 자기중심 성향에서 벗어나 다양한 관점을 인식할 수 있는 인지적 능력을 갖게 된다. 그래서 아동의 의사소통 능력에 있어서도 다른 사람이 말하는 관점을 받아들이게 된다. 예를 들면, 특히 여자아이들의 경우 옹기종기 모여서 TV 이야기, 책 이야기, 어제 만났던 친구 이야기 등을 하면서 '아, 친구는 이런 것들을 보는구나, 저 친구는 이게 재미있었구나' 등의 관점을 받아들일 수 있다.

이때 아이들은 유머, 농담, 과장된 이야기, 개그맨 흉내 내기 등 지나칠 만큼 말이 많아지면서 창의적 언어 표현을 하고 그다음에 '진짜야? 맞아?' 등의 사실에 근거한 질문을 하고 이야기를 꾸미기 시작한다. 이때 거짓말도 하게 된다. 물론 엄마와의 관계에서 두려움에 거짓말도 하지만 아이들끼리 대화를 하다 보면 더욱 과장되게 이야기하는 아이들이 나타나기도 한다. 그래서 이 시기에는 인형극이나 애니메이션을 좋아한다. 또 성공적으로 읽고 쓰는 학습을 하면서 만족감을 느낀다. 따라서 이 시기에는 아이들이 읽기와 쓰기 능력이 향상될 수 있도록 옆에서 함께해 주는 부모의 역할이 중요하다.

언어의 발달은 인지능력 발달에 기초한다. 즉 인지한 만큼 언어를 쓴다는 것이다. 머리에 정보가 들어온 만큼 더 많은 언어 발달을 하게 되는 것이다. 비고츠키는 사고와 언어는 독립적인 경로를 따라 발달하고 2세경에 이르면 사고와 언어는 결합까지 하게 된다고 설명한다. 처음에는 어떤 누구의 단어를 따라서 사고와 언어가 독립적으로 이루어진다. "배고파"라는 말을 할 경우, 말을 배우는 시기에서는 정말 배고파서가 아니라 듣고 따라하는 것이다. 하지만 인지능력이 생기고 만 2세 정도가 되면 정말 배고플 때 "엄마, 나 배고파요"라고 말하게 된다.

브론펜브루너는 언어 발달을 돕는 부모의 역할이 매우 중요하다고 말한다. 타인과 의사소통을 할 때 부모에게 배운 언어들이 나오게 된다는 것이다. 부모의 언어를 통해 타인과의 의사소통기술, 소위 말하는 창조적 의사소통 기술이 발달하고 읽기와 쓰기 능력이 발달한다.

결론적으로 영유아기 시기에는 아이의 발달을 이해하고 민감하게 안정적으로 반응하는 만큼 아이의 사춘기도 달라질 수 있다.

#8

아이들은 '문제'가 아니라 '아픈 것'뿐이다

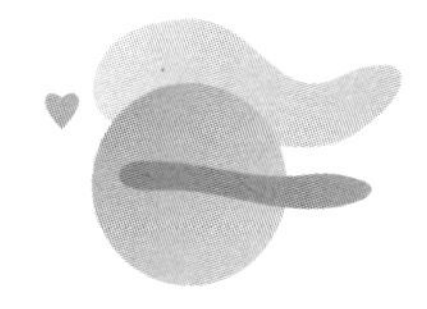

내가 열 명의 아이들을 중심으로 집단상담을 진행했을 때 유독 눈에 띄는 아이가 있었다. 11살인 남자아이였는데, 아버지의 억압하는 양육방식에 건강하지 못한 관계로 매사에 자신감과 자존감이 없어 무기력해 보이기까지 했다. 하지만 프로그램이 진행되는 시간에는 너무나 집중도가 부족하고 태도까지 불량하여 누가 살짝 건드리기만 해도 불같이 화를 내는 아이였다. 이 아이와는 집단 프로그램 8회와 개인 상담 4회를 거쳐 총 12회 동안 만났는데 초반에는 아이를 만날 때마다 머리를 쓰다듬어주고, 등을 두들겨주며 친근함을 표현해 나갔다.

이것이 처음 라포를 형성해 가는 과정인데 아이가 '이분은 정말 나를 기다렸구나. 내가 보고 싶었구나. 정말 나에게 관심이 있으셔서 나를 도와주고 싶어 하시는구나'를 느꼈다고 시간이 지난 후 직접 말해주었다.

사실, 이 아이를 처음 만났을 때의 상태는 그리 긍정적이지 않았다. 학교에서는 학습 부진과 공격성을 가진 아이로 낙인이 찍혀 있었고, ADHD 성향과 극도의 분노를 표출하는 문제아로 불리고 있었다. 정말 이 아이에게는 어른들도 포기하고 혀를 내두를 만큼 '큰 문제'가 있었던 것일까? 이 아이의 가정을 자세히 들여다보니 아버지에게 폭력을 당하는 것이 다반사고 어머니는 편집증, 망상 등의 증상에 시달리고 있었다. 이러한 가정에서 어쩌면 반듯하고 올바른 품성을 가진 아이가 나온다는 것이 더 이상하게 느껴질 정도다.

우리는 소위 삐뚤어진 성격과 공격성을 지닌 아이를 대할 때면 너무나 쉽게 '문제아'라고 말한다. 그러나 이 아이가 가진 '문제'가 어디에서 왔냐 하면 대부분 부모나 어른들의 부적절한 대처와 가정환경에서 기인한다는 것을 쉽게 알 수 있다. 그렇다고 해서 "부모들이 문제군!" 하며 덮어 놓아서는 안 된다. 아이가 자신의 건강한 자아상을 다시 찾을 수 있도록 어른들의 충분한 인내와 관심이 필요하다.

나 역시 어린 시절 부모의 사랑을 받지 못하고 자랐다. 그러나 나를 변화시킨 사람들은 교수나 선생님, 성직자들과 같은 스승들이었다. 나에게 애착을 주고, 올바른 방향을 제시하며 가르치고, 변화의 물꼬가 트일 수 있도록 충분한 관심과 애정을 보여주었기에 이제는 나와 같은 아픔을 가진 아이들에게 코치로서 그들의 변화를 함께 체험하는 삶을 살아가게 된 것이다.

결국, 이 아이는 나와 함께하는 횟수가 지날수록 심리적으로, 행동적으로 자세와 태도가 차분한 아이가 되었다. 게다가 아이는 먼저 내게 만남을 요청하기도 하고, 칭찬을 아주 구체적으로 건네자 진심으로 기뻐하는 모습을 보이기도 했다. 그렇게 1학기를 마치고 방학 동안 학습부진아들을 위해 진행되는 학습코칭 캠프가 있었는데 공부를 하는 프로그램인데도 불구하고 내게 직접 캠프에 참여하고 싶다는 의사를 밝혀 나를 더욱 놀라게 했다.

부모가 부모로서 역할을 다할 수 없다면 학교, 상담 기관 등에라도 위탁하여 자녀를 진심으로 존중하고 변화와 성장을 할 수 있는 기회와 사랑을 주어야 한다. 요즘 들어 아이들이 등교하면 프리허그(free-hug)도 해주고 "왔니? 오늘도 힘내자!" 하며 격려하는 학교가 있다고 하는데 필요한 것이라고는 하나 이것조차 부모가 충분히 가정에서 해줘야 하는 부분이다.

코칭대화의 근간을 이루는 것이 인간존중에 있다. 존중과 배려, 격려와 칭찬이다. 기계적으로 말을 건네거나 형식적으로 안아주는 것이 아니라 상대가 진심을 느낄 수 있도록 라포 형성부터 충분히 하고 대화를 시작한다.

집에서 충분히 이러한 사랑을 받는 아이들에게는 아무것도 아닐 수 있지만, 가정에서 존중과 이해를 받지 못하는 아이들에게는 코칭이나 상담이 정말 큰 힘이 된다. 아이들은 상대가 자신을 진심으로 공감하는지 아닌지를 모두 느낀다. 어른들의 언어와 눈빛, 목소리 톤, 행동, 보디랭귀지 등을 통해서 말이다. 하지만 이미 마음의 상처가 깊고 자존감이 너무 낮아서 말하는 사람이 그런 마음을 가지지 않고 다가옴에도 불구하고 오해하는 일이나 관계가 끊어지고 깨어지는 경우도 종종 생기게 되는데 이는 듣는 이가 수용하지 못하는 언어를 쓰기 때문이다.

예를 들어, 서른 살, 마흔 살이 넘은 어른이 아이처럼 삐치는 모습을 볼 때가 있다. 누군가 "이것 좀 해놓지 않겠어요?"라고 했는데 "아, 왜 나한테 시켜!" 하면서 토라지는 것이다. 나이는 성인이지만 아이나 마찬가지다. 방어기제로 변명을 하거나 합리화하고, 투사하는 것은 나이에 맞는 정신적인 연령을 가지지 못했다는 증거다. 이러한 현상은 일종의 미성숙이며 사회성 결여다. 이럴 때는 자신의 문제를 전문가에게 드러내놓고 상담을 받는다든지 하여 반드시 해결해야 한다. 혼자만의 생각에 사로잡

혀서 타인의 언어를 받아들이지 못하고 있기 때문이다.

따라서 어른들에게 '문제'라고 인식되는 아이들이 청소년기에 전문가의 코칭을 받는 것은 아주 중요하다. 연령과 신체의 나이, 심리적인 나이가 서로 균형을 이루며 발달해야 하는데, 아이의 몸은 5세인데 심리적 나이가 30세라거나 반대로 나이는 지금 40~50대인데 정신적인 나이는 5세라면 어떨까. 단순히 표면적인 아이의 행동을 보고 질타하는 시선을 보내기보다는 어느 부분이 건강하지 못한지를 인식하고 그 부분의 연령을 몸의 나이와 맞춰주려는 노력이 절실하다. 문제가 아니라 정서적 치료가 필요한 '아픔'으로 인식해야 한다는 의미다.

그래서 다음의 자아존중감 테스트를 통하여 부모와 자녀가 함께 가볍게 자존감의 상태를 이해하고 서로를 대하는 것도 필요하다. 본 테스트에 관하여 신뢰도나 타당도의 근거는 없으나 심리상담센터에서 주로 활용하고 있는 로젠버그(Rosenberg, 1965)의 Self-Esteem Scale보다는 문항 수가 1:5로 50문항이나 된다. 타당도에 관심이 간다면 함께 싣는 로젠버그의 Self-Esteem Scale과 쿠퍼스미스(Coopersmith, 1967)가 제작한 Self-Esteem Inventory도 참고하면 좋겠다.

부모와 자녀가 함께 하는 자아존중감 TEST

인간은 자신이 누군가에게 사랑받을 가치가 있다고 믿을 때, 실패와 좌절 속에서도 다시 일어설 수 있다. 부모가 스스로를 어떻게 생각하는지에 따라, 그리고 아이를 어떻게 대하는지에 따라 아이의 자아존중감이 달라진다. 자녀의 자아존중감을 키워주기 위해서는 부모의 자아존중감이 높아야 하기에 이 TEST를 부모와 아이가 함께 해보길 바란다.

자아존중감 TEST를 할 때는 너무 오래 생각하지 말고 문항을 보는 즉시 답한다. 희망사항과 혼동하지 않도록 주의하면서 최대한 마음을 열고 솔직하게 답해나간다.

각 문항을 읽고 '아니다'는 0점, '약간 그렇다'는 1점, '대체로 그렇다'는 2점, '그렇다 또는 매우 그렇다'는 3점으로 체크한다.

자아존중감 검사 문항

1. 나는 다른 사람들과 비교해 열등감을 많이 느낀다.
2. 나는 자신에 대해 따뜻하고 행복한 사람이라고 느낀다.
3. 나는 새로운 상황을 만났을 때 걱정이 많다.
4. 나는 내가 만나는 사람들에 대해 따뜻함과 우정을 느낀다.
5. 나는 습관적으로 내 실수나 약점에 대해 정죄한다(정죄란 죄스럽게 느낀다는 뜻이다).
6. 나는 부끄러움, 책망, 죄책감, 후회하는 일이 별로 없다.
7. 나는 나의 가치나 능력을 입증하려는 욕망이 강하다.
8. 나는 살아가는 데 큰 기쁨과 열정을 가지고 있다.
9. 나는 다른 사람이 나에 대해 생각하고 말하는 것에 신경을 많이 쓴다.
10. 나는 다른 사람들이 잘못하는 것을 보고 간섭하기보다는 기다려

준다.

11. 나는 인정받으려는 욕구가 강하다.
12. 나는 대체로 정서적 불안이나 갈등, 좌절을 하지 않는 편이다.
13. 나는 실패하거나 패배하면 몹시 화가 난다.
14. 나는 새로운 일을 시작할 때 차분한 가운데 확신을 가지고 시작한다.
15. 나는 다른 사람을 정죄하는 경향이 있고 가끔씩 그들이 처벌받기를 원한다.
16. 나는 보통 스스로 생각하고 판단해서 결정한다.
17. 나는 종종 다른 사람의 능력, 부, 특권 때문에 그들의 의견을 따라가곤 한다.
18. 나는 나의 행동의 결과에 대해 기꺼이 책임을 진다.
19. 나는 바람직한 이미지를 유지하려고 과장하거나 거짓말을 하는 경향이 있다.
20. 나는 나 자신의 필요와 욕구에 우선을 두고 산다.
21. 나는 나 자신의 재능이나 소유, 성취를 과소평가하는 경향이 있다.
22. 나는 나 자신의 의견이나 확신을 강력히 표현한다.
23. 나는 습관적으로 나의 실수나 패배, 좌절을 부인하거나 변명하거나 합리화한다.
24. 나는 낯선 사람들 속에서도 어색하거나 불안하지 않고 편안하다.
25. 나는 다른 사람들에 대해 비판을 자주하는 편이다.
26. 나는 사랑, 분노, 적대감, 증오, 기쁨 등의 감정표현을 잘한다.
27. 나는 다른 사람들의 비판적인 의견이나 태도에 상처를 받는다.
28. 나는 질투나 부러움 또는 의심하는 일을 거의 하지 않는다.
29. 나는 사람들을 즐겁게 하는 데 전문가이다.
30. 나는 인종, 민족, 종교적 그룹에 편견을 가지고 있지 않다.
31. 나는 진짜 나를 드러내기를 두려워한다.
32. 나는 다른 사람에게 친근감 있고, 사려 깊고, 너그러운 사람이다.
33. 나는 종종 내 약점, 문제, 실수에 대해 다른 사람의 탓으로 돌린다.

34. 나는 혼자 있어도 불안감, 외로움, 소외감을 거의 느끼지 않는다.
35. 나는 강박적으로 완벽을 추구한다.
36. 나는 칭찬을 들을 때 당황해하지 않으며, 선물도 부담 없이 받는다.
37. 나는 무엇을 먹거나 술이나 담배를 피우고 싶은 충동을 느낀다.
38. 나는 다른 사람들을 인정하고 자주 칭찬한다.
39. 나는 실수나 실패에 대한 두려움 때문에 새로운 시도를 피한다.
40. 나는 친구를 쉽게 잘 사귀는 편이며 관계도 잘 유지한다.
41. 나는 종종 나의 가족이나 친구의 행동 때문에 당황한다.
42. 나는 내 실수나 단점, 패배를 기꺼이 인정한다.
43. 나는 나의 행동, 의견, 신념을 변호하고 싶을 때가 많이 있다.
44. 나는 패배감이나 비참함을 느끼지 않고 의견의 충돌이나 거절을 받아들인다.
45. 나의 의견이나 생각에 대해 다른 사람의 확인과 동의를 강하게 필요로 한다.
46. 나는 새로운 생각과 제안에 진심으로 마음이 열려있다.
47. 나는 습관적으로 다른 사람과의 인격적 비교로 자신의 가치를 판단한다.
48. 나는 내 마음에 와닿는 어떤 생각을 하는 데 있어서 다른 사람을 의식하지 않고 자유롭다.
49. 나는 자주 나 자신과 내 소유와 성취에 대해 자랑한다.
50. 나는 자신의 권위를 인정하고 자신이 적합하고 느껴지는 대로 행동한다.

채점 방식 및 결과

채점 방식은 먼저 짝수번호 문항의 점수를 합하고, 다음 홀수번호 문항의 점수를 합한다. 그러고 나서 짝수번호 점수의 합에서 홀수번호 점수의 합을 뺀다.
(짝수번호 문항의 총점 - 홀수번호 문항의 총점 = 자아존중감 점수)

최종 점수가 '65점 이상'이면 정상이고, '35점 이하'이면 자아실현을 위해 취약한 수준이며, '0점 이하'이면 심각한 수준의 자존감 결여를 나타낸다. 미국 SECS연구소의 발표에 의하면 보통 대학졸업자가 평균 22점 정도이고, MBA 출신으로 기업체에서 이사로 승진한 사람들의 평균 점수는 28점 정도라고 한다. 누구든지 노력하면 취약 수준의 자존감을 증진시킬 수 있으며, 나아가 자아실현의 잠재력을 발휘할 수 있다.

자아존중감 척도

자아존중감이란 자기 자신을 존경하고 바람직하게 여기며, 가치 있는 존재라고 생각하는 것이다(Rosenberg, 1965). 본 연구에서는 로젠버그가 개발하고 전병제(1974)가 번역한 Rosenberg Self-Esteem Scale(RSES)을 사용하였다. 이는 총 10문항으로 구성되어 있으며 긍정적 자아존중감 5문항과 부정적 자아존중감 5문항의 2개의 하위요인으로 나눠져 있다. 리커트(Likert) 4점 척도로 되어 있으며 긍정적 문항은 '매우 그렇지 않다' 1점에서 '매우 그렇다'까지의 4점, 부정적 문항은 역으로 환산한다. 범위는 총 10점에서 40점까지를 보이며 점수가 높을수록 자아존중감이 높은 것을 의미한다.

1. Rosenberg Self-Esteem Scale(RSES)

다음은 내가 나 자신을 어떻게 생각하는가에 관한 문항입니다.
각 문항을 읽고 자신의 생각을 잘 나타내주는 칸에 ∨표를 해주시기 바랍니다.

문항	내용	매우 그렇지 않다	그렇지 않다	그렇다	매우 그렇다
1	나는 내가 다른 사람들처럼 가치 있는 사람이라고 생각한다.	①	②	③	④
2	나는 좋은 성품을 지녔다고 생각한다.	①	②	③	④
3	나는 대체적으로 실패한 사람이라고 생각한다.	①	②	③	④
4	나는 다른 사람들만큼 일을 잘할 수가 있다.	①	②	③	④

5	나는 자랑할 것이 별로 없다.	①	②	③	④
6	나는 나 자신에 대하여 긍정적인 태도를 가지고 있다.	①	②	③	④
7	나는 나 자신에 대하여 대체로 만족한다.	①	②	③	④
8	나는 나 자신을 더 존중할 수 있으면 좋겠다.	①	②	③	④
9	나는 가끔 나 자신이 쓸모없는 사람이라는 느낌이 든다.	①	②	③	④
10	나는 때때로 내가 좋지 않은 사람이라고 생각한다.	①	②	③	④

10점에서 40점까지, 19점 이하 낮음, 20점 이상 보통, 30점 이상 높음

2. Coopersmith의 자아존중감 척도

(Coopersmith(1967)가 제작한 Self-Esteem Inventory를 강종구(1986)가 번역하여 사용한 것)

다음 문항은 자아긍정도에 관한 질문입니다. 여러분이 평상시에 느낀 대로 해당란에 ∨표 하십시오.

문항	전혀 그렇지 않다	약간 그렇지 않다	약간 그렇다	아주 그렇다
1. 나는 가끔 내가 다른 사람이었으면 하고 바란다.	①	②	③	④
2. 나는 여러 사람 앞에서 이야기하기가 어렵다.	①	②	③	④
3. 나에게는 고쳐야 할 점이 많다.	①	②	③	④
4. 나는 어렵지 않게 마음을 결정할 수 있나.	①	②	③	④

5. 나는 다른 사람들과 재미있게 지낸다.	①	②	③	④
6. 가족 중엔 나에게 관심을 보여주는 사람이 없다.	①	②	③	④
7. 나는 새로운 것에 익숙해지기까지 많은 시간이 걸린다.	①	②	③	④
8. 나는 친구들에게 인기가 있다.	①	②	③	④
9. 우리 가족은 나에게 너무 많은 기대를 한다.	①	②	③	④
10. 우리 가족은 대체로 내 기분을 이해해 주는 편이다.	①	②	③	④
11. 나는 매사를 쉽게 포기하는 편이다.	①	②	③	④
12. 나는 비교적 남보다 행복한 편이다.	①	②	③	④
13. 나의 생활은 뒤죽박죽이다.	①	②	③	④
14. 대체로 다른 사람들이 내 생각을 따라주는 편이다.	①	②	③	④
15. 나 자신에 대해 별로 내세울 것이 없다.	①	②	③	④
16. 나는 집을 나가 버리고 싶은 생각이 자주 든다.	①	②	③	④
17. 종종 내가 하는 일이 뜻대로 되지 않는다.	①	②	③	④
18. 나는 외모가 그리 멋진 편이 못된다.	①	②	③	④
19. 나는 할 말이 있을 때 대체로 그 말을 하는 편이다.	①	②	③	④
20. 우리 가족들이 나를 잘 이해하고 있다.	①	②	③	④
21. 다른 사람들에 비해서 나는 별로 사랑받지 못한다.	①	②	③	④
22. 어떤 때는 가족들이 나를 미워하는 것 같다.	①	②	③	④
23. 내가 하고 있는 일에 대해 실망을 느낄 때가 많다.	①	②	③	④
24. 나는 모든 것이 그다지 어렵게 생각되지는 않는다.	①	②	③	④
25. 나는 다른 사람이 나에게 의지해도 될 만큼 강하지 못하다.	①	②	③	④

- 자아존중감 검사의 4가지 하위영역의 문항 분석과 채점

하위영역	문항번호	그렇다	아니다
자기비하	1, 3, 11, 15, 16		1, 3, 11, 15, 16
타인과의 관계	6, 7, 9, 10, 20, 21, 22	10, 20	6, 7, 9, 21, 22
지도력과 인기	2, 5, 8, 14, 18, 25	5, 8, 14	2, 18, 25
자기주장과 불안	4, 12, 13, 17, 19, 23, 24	4, 12, 19, 24	13, 17, 23

☞ "그렇다"는 ① 번을 1점 ②번을 2점 ③번을 3번 ④번을 4점으로 채점하고 "아니다" 는 역으로 점수를 준다. 점수가 높을수록 자아긍정도가 높다고 할 수 있다.

Part 02

깨닫다

Realize

#1

인간 이해의 기본, 가정–성(性)–학습

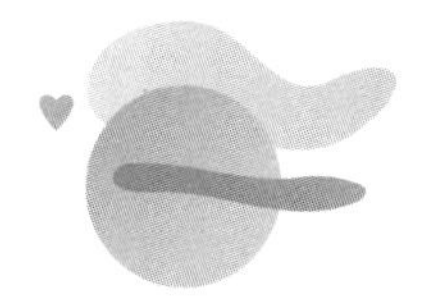

'신체발달, 인지발달, 언어발달'은 각각 따로 이루어지는 것이 아니라 결국에는 하나다. 신체가 건강하면 생각도 건강해지고, 생각이 건강해지면 건강한 언어를 쓰게 된다. 이때 인지와 결부해서 중요한 것이 '기억발달'이다. 이 기억발달은 언어와 인지발달의 중요한 요인 중에 하나다. 기억을 못 하면 소통하는 데 어려움을 겪게 된다. 그래서 기억은 아동의 성격과 교육, 아이들 또래 집단의 관계 및 사회적 특성, 사고와 문제 해결 등에 많은 영향을 미친다. 기억하는 과정을 보면 일단 아이들은 '부호화'한다. 부호화하여 저장하고 다시 인출하는 것이다. 단어들을 부호화하여 자기만의 특성 있는 것들로 저장한 후 그걸 다시 사용해 표현한다. 이게 바로 기억이다. 기억은 기억 훈련이나 집중력 훈련 등을 통해 충분히 향상시킬 수 있다.

또 '정서발달'이라는 것도 있다. 에릭 에릭슨의 심리사회적 발달에 따르면 부모의 역할에 따라서 아이들의 정서가 달라진다고 한다. 그래서 미국에서는 인성교육을 '사회성 감성교육(Social Education, Emotion Education)'이라고도 표현한다. 그렇다면 정서가 왜 중요할까? 아이들은 신체적으로 건강한 것도 중요하고, 인지하는 것도 중요하고, 언어도 중요하지만, 이 모든 것을 기억하고 그걸 저장하여 출력하는 기억까지도 아동의 마음에 아주 중요한 핵심적인 부분이 있다는 것이다.

대개 6~7세 정도에는 부모에 의한 '정서분화'가 끝난다. 이후에는 점점 가족보다는 아이들이 활동하고 있는 사회(어린이집, 유치원, 학교 등)에 중심을 둔다. 이때 부모로부터 받은 정서가 사회에 드러나게 되는데 부모의 마음이 여유로운 가정에서 자란 아이들은 사회활동, 학교생활에서 충분히 그 모습이 배어 있어 건강하다. 아이들과의 또래 집단 관계에서 힘들다고 생각하지 않는다. 친구가 좋고 학교생활이 재미있다.

반면 부모가 신뢰하지 못하고 불안하게 키웠다면 상황은 다르다. 부모는 아이들의 호기심을 강력하게 제재하기도 한다. 그러면 아이들은 부모의 제재 때문에 죄책감이 형성되기도 하고, 이러한 죄책감을 특정한 대상이나 상황에 대한 불합리한 공포로 발전하기도 한다. 이때의 아이들은 호기심이 많다. 묻는 것도 많고, 궁금한 것도 많다. 이러한 이유로 충분한 대화가 필요한 게 바로 아동기이다. 그동안 가정 안에서만 있다가 새로운 세계로 모험을 떠나는 아이들의 호기심에 부모는 제재하지 말고 반응해주어야 한다.

'어떻게 하면 호기심을 풀 수 있을까?'

'모험을 잘할 수 있을까?'

이 세상에 대한 탐험을 잘할 수 있도록 독려하고 용기를 주는 것이 좋은 부모이다.

이렇게 6~7세까지만 잘 성장해도 엄마에게 많은 질문을 하지 않는다. 8~12세까지는 걱정할 필요가 없다. 아이들이 정서적으로 사회집단이 더 크다는 걸 알게 되면 '정서적 통제'와 '분화된 정서 표현'이 가능해진다. 이제는 엄마, 아빠가 아닌 또 다른 존재들을 알고, 가족이 아닌 또 다른 존재들과 어떻게 섞어야 하는지를 알면서 '자기 규제 능력'도 빠르게 발달한다.

'아, 이것은 학교 규칙이구나. 내가 하고 싶지만 할 수 없는 것도 있구나.'

하지만 요즘은 이런 판단을 못 하는 아이들이 점점 많아지고 있다. 7세까지 가족 내에서의 형성, 소집단과의 관계 형성이 잘 되지 않으면 8세부터는 이런 규제 능력이 발달하지 못하고 끝까지 간다. 자기규정은 목표를 성취하기 위해 정서의 상태를 바람직한 상태로 조절할 수 있는 것이다. 화가 나도 참을 줄 알고, 속상해도 자기 자신을 조절할 줄 알아야 한다.

정서를 표출하는 규칙에 대한 이해도가 증가하여 가족 구성원보다는 또래 집단에 더 많이 열려 있는 시기가 8~12세이다. 이때 부모의 역할은 명령하고 통제하는 것이 아닌 스스로의 행동에 대해 칭찬하고 아동의 판단을 존중해야 한다. 아동의 발달 수준에 따라 적합하고 효과적인 방법을 모색하여 아동에 대한 부모의 훈육 체계를 바꿀 수도 있어야 한다.

정서를 발달시키기 위해서는 '감성교육'을 해야 한다. '감성교육(감성코칭)'은 그 감정을 공감하는 것이 중요하다. 공감하고 난 후 I-message로 내 감정도 이야기해주어야 한다.

예를 들어 누나가 동생하고 싸워서 야단칠 때, 불러 세워놓고 회초리 들며 "야! 너희들 왜 싸웠어? 또 이렇게 하면 혼난다? 몇 대 맞을래?"라며 여러 번 혼을 내지만 고쳐지지 않는다. 이럴 때 내 마음도 같이 담아 이야기를 해주는 것이다. "아빠는 누나도 동생도 귀한 자식이야. 이 아이들이 서로 다투고 화내고 했을 때 아빠 마음이 어떨까?" 이렇게 질문하면서 내 감정을 더 보여준다.

"소중한 내 자식이 서로 싸우니까 아빠 마음이 너무 아파. 아빠가 어떻게 했으면 좋겠니?" 그러면 아이들은 "미안해요, 아빠. 죄송해요. 앞으로는 안 싸울게요." 하며 서로 화해할 것이다. 하루아침에 변하진 않겠지만 몇 번씩 시도하는 것이 중요하다. 우리 아이들의 존재 가치를 심어주면서 내 마음을 이야기하는 것이다. 그러면 아이들이 이러한 감정을 배워 학교생활을 하면서 "네가 이렇게 기뻐하는 모습을 보니까 나도 기뻐", "네가 슬퍼하는 모습을 보니까 내 마음도 슬프네"라며 사람의 마음을 공감하는 능력이 생기게 된다.

통제와 명령과 같은 지시는 사람을 감성적으로 발달시키지 못한다. 이렇게 위로 받고, 그 마음을 서로 공감하는 아이들은 사회 행동이 문제가 아니라 인지 자체가 달라진다. 언어도 달라진다. "어떻게 하면 좋겠니?" 이 질문 하나로 아이들은 사고하게 된다. 창의성이 나타난다. '이때는 어떻게 하면 될까? 내가 먼저 잘못했다고 얘기해야겠지? 어떻게 해결할 방법은 없을까?'라고 인지하며 언어도 달라지는 것이다.

그래서 사춘기 청소년을 이해하기 위해서는 세 가지가 중요하다. 인성, 실력, 본성이 그것이다. 세 가지의 기본적인 것을 배우는 공간이 가정이다. 가정에서 본성이 충분한 애착으로 채워지면 인성적으로 잘 자란다. 인성이 발달한 아이들은 실력을 형성하는데 자신의 장단점을 알기 때문에 단점은 보완하고 장점은 강화시켜 나가면서 성장한다. '가정-성(性)-학습'은 아동기뿐만 아니라 청소년기, 성인기, 어쩌면 노년기까지 연결되는 것이 바로 인간 이해의 기본이다. 그럼 다음 장에서 우리 아이들의 성(性) 이야기를 들어볼 필요가 있겠다.

#2

아이들의 성(性) 이야기

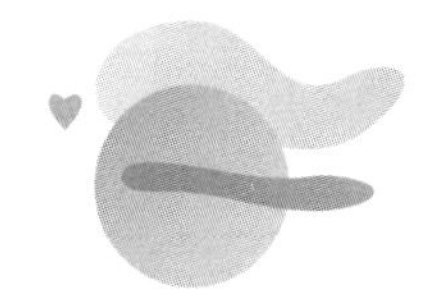

청소년의 이해는 크게 본성적인 부분, 인성적인 부분, 실력적인 부분 이렇게 세 가지로 나눌 수 있는데 인성이 이루어지는 제일 기본적인 단위가 바로 '가정'이다. 그 가정에서 충분히 인성과 사회성 교육을 받은 아이들은 청소년기에도 적응을 잘하고 나아가 삶의 적응도 빠르다. 친구들과의 관계에서도 마찬가지다. 인성과 함께 실력도 키워야 하는데 미래 사회에서는 실력과 인성이 겸해진 인재가 환영을 받기 때문에 무엇보다 중요한 것이 학습이다.

그리고 마지막으로 본성, 특히 성적인 부분을 말하는데 청소년기에는 성에 대한 관심이 높기 때문에 이 시기에 성적으로 건강한 가치관을 성립하는 것이 중요하다. 아이들은 성에 대해 제대로 알지 못하기 때문에 호기심도 많고 궁금증도 많다. 따라서 성 정체성, 성 주체성, 성역할 등의 올바른 이해가 필요하다.

청소년기는 언제일까? 아동복지법에서는 만 18세 미만을 아동으로 규정하고 있고, 청소년보호법에서는 만 9세부터 만 24세까지를 청소년이라고 규정하고 있다. 민법, 소년법 이런 법적인 조항 안에서는 20세 미만을 미성년 혹은 소년으로 규정하고, 일반적으로 청소년기는 만 12세부터 만 22세까지(13살부터 23살까지)다. 청소년기를 전기와 후기를 나누면 12살부터 18살까지를 전기, 18살부터 22살까지를 후기라고 한다. 이러한 연령대를 가진 청소년들의 특징은 크게 게임과 성에 대한 부분으로 나눌 수 있다. PC나 스마트폰으로 인해 게임에 과몰입, 혹은 중독되는 사례가 많다. 이로 인해 난독증이 나타나기도 하고, 집중력이 저하되는 학습부진의 모습이 드러나기도 한다.

다음은 성에 대한 부분인데, 과거 서울가정법원 소년자원보호자 협의회에서 초등학교 5학년부터 고등학교 3학년까지 2,370명을 대상으로 조사한 결과를 보면, 성관계 허용 시기를 '3개월 후'라고 답한 아이들이 상당히 많다. 심지어는 '한 달 후', '일주일 후', '당일'이라고 답한 아이들도 있으며, '결혼 전에는 안 된다'고 생각하는 아이들은 30% 정도밖에 되지 않았다. 성관계를 허용한다는 407명의 아이들 중에서 초등학생이 10%를 차지하고 있다는 것은 상당히 충격적이다. 중학생은 57%까지 나타났다. 성관계가 허용되는 장소로는 부모들이 부재중인 '빈집'이라고 답한 아이들이 가장 많았다.

이 시기에는 생식기관의 성숙뿐만 아니라 소화기, 폐, 심장과 같은 내부기관도 급속하게 성장한다. 요즘에는 남학생들의 키가 170센티미터는 보통이고, 180센티미터가 넘는 아이들도 많아지고 있다. 겉보기에는 어른보다 더 어른스러운 아이들이 있다. 이 시기에 아이들은 사회적인 풍토, 환경 그리고 가지고 있는 역할 등의 정체성 혼란을 겪으면서 '성'에 대한 고민이 많아진다.

내가 학교에서 강의를 하다가 "얘들아, 성관계가 뭐지?"라고 물어보면 대부분 그냥 성적인 SEX로 얘기하는 경우가 많다. 그러나 성관계는 남성이나 여성이 서로를 알아가는 단계, 협력하는 단계다. 예를 들면 친구 사이, 상사와 부하직원, 선생님과 제자로서 서로를 이해하고 이성을 어떻게 잘 도와줘야 하는지를 생각하는 것도 성관계라고 할 수 있다. 하지만 청소년들은 어른들에게 성관계에 대한 설명을 제대로 들은 적이 없기 때문에 성관계는 그냥 SEX라고 생각하는 것이다.

이때 중요한 것은 심리적 특징이다. 몸은 성인과 같은데 역할이나 자기의 자리매김을 하고 있는 삶의 자리는 어떠한가? 여전히 학생이고 부모로부터 독립되지 못하는, 또는 독립해야 되는 힘든 상황에 처해져 있는 게 바로 청소년기다. 그러다 보니 신체적 변화 중에서도 특히 성적인 성숙에 따라 일어나는 현상이 청소년들로 하여금 양가적 감정으로 반응하게 한다.

이 시기에 청소년들은 가족보다 친구를 중요하게 생각한다. 친구들에게 진로 상담, 이성 상담, 가정 상담을 한다. 비전문가이지만 그들의 말을 들을 정도로 아이들은 친구가 더 중요하다고 생각하는 시기다. 가족과의 대화보다 친구와 만나거나 스마트폰으로 계속해서 대화하고, 심지어는 부모의 말보다 또래 집단의 말을 듣는 그런 집단의식이 강하다. 친구라는 존재는 이때 형성되는 것이다. 오죽하면 어플로도 모르는 사람을 만나는 사례가 허다할까!

더 중요한 것은 친구 중에서도 '이성 친구(이성 관계)'에 관심이 많다. 그래서 건강한 이성 교제가 필요하다. 아이들은 이성 친구가 있으면 '공부한다, 안 한다'가 아니라 이성 친구가 없으면 없는 대로 엄청 고민하고, 또 자기 친구는 이성 친구가 있는데 나는 없을 때 열등감이 높아지는 아이들도 있다. 그래서 건강한 이성 교제가 무엇보다 중요하다. 너무 몰입하는 이성 관계보다는 다양한 이성 친구들을 만나면서 그들과 대화하고 그들의 생각을 공유하는 것이 좋다.

'저 친구는 저렇게도 생각하는구나. 남자들과 여자들은 다른 부분이 있구나.'

새로운 이성 친구를 봤을 때 느껴지는 그들의 생각, 사고, 이념 그리고 학습에 대한 동기를 서로 나눌 수 있고 꿈도 나눌 수 있다. 건강한 집단과 어울리는 이성 교제가 참 중요하다.

#3

학습적인 것보다 아이의 본능을 파악하라

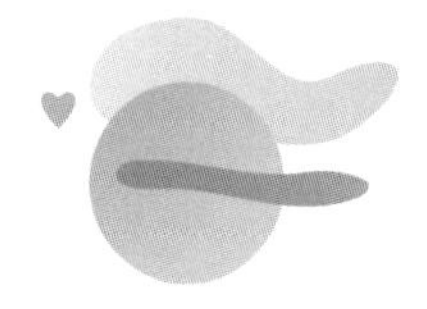

청소년을 이해하려면 인격적인 것도 중요하고, 학습적인 것도 중요하지만 가장 중요한 것은 '본능'을 이해하는 것이다. 본능이 해결되지 않으면 아이들은 자꾸 자기 정체성에 대해 혼란에 빠지게 된다. 심지어는 자기도취적 상태에 빠지기도 한다. 이러한 심리적인 특징을 한 청소년 단체(사단법인 부산YFC)에서는 'PANTS 증후군'이라고 한다. 이 시대의 청소년들을 알기 위해서는 다음 다섯 가지 단어를 기억해야 한다.

첫 번째는 Personal이다. 요즘 아이들은 개인적이고 자기중심적이다. 자기 자신을 사랑하고 또 사랑받고 싶어 한다. 두 번째는 Amusement이다. 향락적이다. 향락적인 유흥문화에 아이들은 빨리 노출된다. 한국 사회에서 기성세대가 이들에게 물려준 문화 중에서 좋지 않은 부분이 유흥적인 것이다. 세 번째는 Natural이다. 아이들은 딱딱한 관계를 싫어하고 자연스러운 것을 좋아한다. 아이들을 가르칠 때도 마찬가지다. 편안하게 강의하고 자연스러운 대화를 할 때 아이들이 다가온다.

예를 들어, 아이들 대화의 패턴을 보면 '서론-본론-결론'이 없다. A라는 것을 주제로 얘기를 하다가 갑자기 K가 나올 수도 있고, N이 나올 수도 있고, Z가 나올 수도 있다. 이것이 아이들의 대화패턴이다. 하지만 어른들은 항상 논리적으로 이야기한다. 그런데 아이들은 '첫째는 이렇게 해야 하고, 둘째는 이렇게 해야 하고, 셋째는 이렇게 해야 한다'는 식의 대화를 매우 싫어한다. 자연스럽게 대화하는 것을 좋아한다.

네 번째는 Trans-border이다. 성 구분을 초월해서(?) 모호하다. 이 시대의 청소년들이 가지고 있는 또 하나의 자기 딜레마는 성 정체성에 대한 혼란이다. 일반적인 정체성 혼란도 있지만, 성에 대한 정체성, 성 역할을 잘못 인식하기도 한다. 이런 부분이 Trans-border이다. 마지막으로 Self-loving이다. 지극히 자기중심적으로 사랑을 받고 싶어 한다. 이 말은 사랑이 아직도 부족하다고 생각하는 것이다.

청소년기의 중요성을 살펴보면 인지적 특징에서 아이들에게 새로운 기술들이 나타나고 있다. 두 범주 이상의 변수를 실제 조작 없이 사고하는 것이 가능하다. 공부를 하다가도 집에 대한 걱정을 할 수 있고, 또 이성 친구에 대한 고민도 할 수 있다는 것이다. 즉 사건이나 관계가 미래에 변화한다는 것을 걱정한다.

'여자 친구가 다른 남자 친구를 만나면 어떡하나', '아빠가 엄마랑 헤어지면 어떡하나' 등의 불안감을 느낀다. 그런 걱정을 하면서 또 공부에 집중하는 등 다양한 사고를 하지만 그 사고에 대해서 굳건하게 지킨다거나, 가치관을 적립하는 것은 힘든 시기이다. 그래서 자신의 행동이나 사건의 연속에 관해서 가설을 세우기도 한다. '안 될 거야, 이렇게 하면 나는 포기해야 될 거야' 등의 생각이다. 그리고 일련의 진술이나 문장에서 논리적 일관성의 유무를 구분할 수 있다. 그러다 보니 초등학교 때까지 착한 아이들이 2차 성장을 겪으면서 신체 변화와 더불어 심리적 변화 그리고 인지적인 것들이 나타나면서 부모와 다투기도 하고 따지기도 한다.

사실 청소년들이 말하는 옳고 그름은 조금 헷갈릴 때가 많다. 뭔가 혼란스럽다. 그러면서 아이들은 부모에게 따지게 되는 것이다. 자신과 자신이 속한 세계에 대해서 상대론적 입장에서 생각할 수 있게 된다. '왜 살아야 하지? 꼭 살아야 하나?', '대학을 꼭 가야 하나? 학교를 꼭 다녀야 되나?'를 생각하게 되는 것이 바로 이 시기 아이들의 특징이다. 심리와 정서를 합쳐본다면 바로 정서가 매우 강하고 변화가 심하다. 자아의식이 서서히 발달하고 혼자 있고 싶어 하거나 고독에 빠지기도 한다. 타인과 비교해서 자신이 부족하다고 느끼고, 타인 앞에서 위축되기도 하며, 열등감에 빠지기도 한다. 자존감이 낮아지고 이상과 현실 사이에서 괴리를 목격한다. 어릴 때 봤던 그 아름다운 세상이 아닌 것이다. 그래서 실존적인 공허감에 빠지기도 한다.

계속해서 청소년 특징을 보면 자아정체감이 발달하는 시기다. 에릭슨은 청소년기의 주요 발달 과업이 자아정체감을 형성하는 것이라고 이야기한다. 자신의 독특성, 그리고 비교적 안정된 느낌을 갖는 것이 중요하다. 따라서 자아정체감을 발달시키는 것이 우리 교육의 목적이 되어야 한다. 행동이나 사고 혹은 정서의 변화에도 불구하고 변화하지 않는 부분이 무엇이며 자신이 누구인가를 아는 것이 자아정체감이다.

자아정체감이 형성된 사람은 개별(자기에 대한 것), 통합(모든 공동체에 대한 것), 그리고 지속성(계속해야 될 것)을 경험하게 된다. 그래서 자아정체감 교육은 상당히 중요하다. 자아존중감도 있지만, 자아존중감 이전에 자아정체를 알 수 있는 자아인식, 이것이 자기이해라는 부분이다.

청소년기에는 바람직한 자아정체감 형성으로 자아존중감이 높아질 수 있다. 간혹 청소년기에 정체감을 유실한 상태에 있는 아이들이 있다. 독립적 의사결정을 하지 못하는 상태의 친구들이 혼란을 겪는다. 또 정체감 유예에 있는 아이들도 있다. 정체감을 확립하기 위해 다양한 역할 실험을 수행하고 있는 상태에는 코칭이 가능하다.

반대로 유실의 경우에는 아무것도 할 수 없다. 그냥 누군가의 도움만 바라본다. 그러다 보니 마마보이와 같은 의존적인 아이들이 나타나게 되는 것이다. 어른이 되어도 똑같다. 그런 다음에는 정체감 혼란을 겪기도 한다. 정체감을 확립하기 위한 노력도 없고, 기존의 가치관에 대한 의문도 제기하지 않은 상태가 문제가 되는 것이다. 정체감 혼란에 빠진 아이들은 'PANTS 증후군'의 현상이 나타난다. 알려고 하지 않고 그냥 주어진 환경에 적응하고 살아가는 것이다. 심지어는 그 혼란을 겪는 시기에 가족을 떠나서 도주 또는 일탈을 경험하게 된다.

청소년기에 자아정체감을 잘 발달시키면 위기를 성공적으로 극복하고 정치적 또는 개인적 이념 체계를 확립할 수 있다. 이것이 바로 가치관이다. 이러한 아이들은 자신의 의사에 따라 자율적 의사결정을 할 수 있고, 직업적 역할도 성공적으로 수행할 수 있다. 따라서 청소년 이해와 코칭의 목표는 아이들이 자아정체감을 건강하게 형성하고 그걸 통해서 자신의 미래를 개척해 나갈 수 있는 힘을 길러주는 것이다.

지금 우리가 이해하고 있는 청소년 시기가 바로 전기에 해당되는 13살부터 18살까지이다. '1318 세대'라고 한다. 이때 코치의 입장에서 다양한 프로그램을 개발할 수 있어야 한다. 지역아동센터, 다함께돌봄센터, 청소년쉼터, 위클래스, 위센터, 학습종합클리닉센터, 청소년상담복지지원센터, 청소년수련관 등 많은 기관이 있지만 청소년들에게 맞춤형으로 친근하게 다가가는 프로그램이나 코칭이 아직도 많이 필요한 상황이다. 실제로 재능기부 프로그램도 많이 필요하다.

예를 들면, 청소년 비행에 빠졌던 아이들을 돕는 코칭, 소년원이나 범법자로 낙인찍힐 수 있는 친구들이 사회로 복귀할 수 있도록 도와주는 프로그램 등이다. 그리고 성교육에 대한 것, 상담에 대한 것, 인터넷중독예방, 도박이나 약물중독, 심지어 마약중독예방 등에 대한 프로그램도 필요하다.

변화와 성장을 위한 실제적인 프로그램으로 '진로코칭과 학습코칭'과 같이 자신의 개성과 자질을 발견할 수 있도록 도와주는 것이 바로 우리 시대 청소년 코칭의 핵심적인 분야라고 할 수 있다. 청소년들은 많은 도움을 필요로 하는 다음 세대이자 미래세대다. 청소년들은 우리에게 지금 손을 내밀고 있다. 어쩌면 신음하고 있을 수도 있다. 어떤 친구는 범법자로, 어떤 친구는 일탈자로, 어떤 친구는 자살충동으로, 이런 위기에 처한 극단적인 상황에 가기 전에 우리는 그들 앞에 서서 희망을 주고 꿈을 주고 또 생명력을 주는 그런 코치들이 되어야 한다.

#4

건강한 감정 표현법을 알려줘야 한다

어머니는 아이의 정서적 발전을 위한 결정적인 모델이다. 그래서 아이의 특정한 감정은 어머니에 의해 수용되고 또 다른 감정은 수용되지 않는다는 점을 배운다. 이러한 학습 과정은 영유아기에 의식의 개입이 없이, 즉 무의식 상태로 이루어진다. 어머니의 무조건적인 사랑이 막 느껴지는 것이다. 무슨 말인지는 몰라도 "그랬어? 속상했어? 울었어? 아파?" 이런 공감과 감정이 건강한 어머니로부터 계속 부여되는 것이다.

이처럼 약 3세 이전 영아기에 무의식으로 의식의 개입 없이 이루어지다가 의식적인 자각과 행동이 나타날 때쯤이 되어서도 아이의 뇌에는 이미 어머니로부터 받았던 감정의 모든 언어와 느낌, 감정이 가지고 있는 모든 잠재적 가능성, 공감 등이 엄청나게 쌓여 있게 된다. 〈인사이드 아웃〉이라는 애니메이션에서 어떤 감정의 기억들이 뇌의 창고에 가득 차 있는 것처럼 말이다.

심지어 이 과정에서는 언어도 필요 없다. 어머니가 아이에게 "우쭈쭈, 오구오구, 그랬어요?" 하며 토닥거려주고, 안아주기만 해도 어머니의 표정과 제스처, 감정, 공감 이런 것들이 아이의 뇌에 이미 다 채워지는 것이다. 따라서 아이는 점점 어머니의 미세한 반응이나 말투의 변화에서 자신의 감정이 수용되는지 그렇지 않은지를 즉시 알아차린다. 이러한 정서적 정보 입력이 아이의 삶을 결정하게 되는 것이다.

아이가 아플 때, 아이가 뭔가를 성취했을 때, 속상한 일이 있을 때 어머니가 똑같이 아이와 같은 감정을 느끼고 공감해주는 표현을 하거나, 위로를 건넨다거나, 칭찬을 하면 아이들은 즉각적으로 어머니와 감정을 공유한다. 이런 아이들은 아동기, 청소년기가 되어서도 누군가가 넘어져서 아파하면 어머니가 자신에게 했던 것처럼 똑같은 행동을 한다. "괜찮아? 아프겠다. 힘들지 않아?"라는 공감의 언어와 행동이 나오는 것이다.

따라서 영유아기에 어머니로부터 이러한 감정의 공감을 받지 못한 아이들은 이 말투와 행동이 쉽게 나오지 않는다.

나도 예전에는 타인의 감정을 헤아리는 걸 굉장히 힘들어했다. 어릴 때 한번은 친구 집에 놀러 간 적이 있는데 친구가 실수로 그릇을 깨뜨리고 말았다. 나는 당연히 친구 어머님이 화를 내실 줄 알고 바짝 긴장하고 있는데 친구 어머님이 달려와 친구를 재빨리 안더니 "괜찮아? 어디 다친 데는 없니?" 하고 친구를 달래는 것이었다. 어린 나는 그 모습을 보고는 적잖은 충격과 감동을 받았다. 나는 그런 공감을 받아본 적이 없었기 때문이다. 이처럼 건강한 부모들은 아이가 그릇을 깨뜨리면 한달음에 달려가 "괜찮아? 다친 데는 없어?" 하고 놀란 아이의 마음을 먼저 헤아린다.

하지만 건강한 감정을 학습 받지 못한 부모라면 이런 상황에서 빨리 머리를 써야 한다. 올바른 감정 표현법을 전달받지 못한 어른들은 자신의 부모가 했던 감정 표현이 무의식 상태에 그대로 남아 "저 자식이 조심성 없이 왜 그릇을 깨뜨리고 난리야! 이게 얼마짜린 줄이나 알아?" 하는 언어가 자신도 모르게 튀어나올 수 있다. 언어가 먼저 나오기 전에 의식적으로 인지하고 의식적으로라도 "괜찮아? 어디 다친 데는 없니?" 하고 어색하게 말을 해야 한다. 당연히 어색할 수밖에 없다. 무의식적으로 전달받지 못했으니 의식적으로 어색하고 낯간지럽게 자꾸 해야 한다.

아이들에게 어색하게 말을 건네더라도 아이들은 좋아한다. 의식적이든 무의식적이든 아이들에게 이런 언어를 계속 전달해주면 아이들도 어딘가에서 똑같은 말을 건넬 수 있는 사람이 되어간다. 신나서 막 환호하는 사람과 함께 박수를 칠 수 있는 사람, 넘어진 친구에게 다가가 손을 내밀 수 있는 사람, 도움이 필요한 사람에게 "힘내, 일어서"라고 말할 수 있는 사람이 되어간다.

요즘 들어 아이들의 어떤 정서적인 반응이나 행동적인 반응을 보면 어딘가 조금 불합리하고 부적합한 모습들을 자주 보게 된다. 감정은 학습되며 이 학습을 제대로 받지 못한 결과라는 생각이 든다. 결론적으로 중요한 것은 바로 '어머니'라는 정서적인 모델이 아이의 사회성에도 엄청난 영향력을 끼칠 수 있다는 것이다. 아이의 더 깊은 내면, 무의식 속에 어머니의 좋은 감정과 감정 표현을 잘할 수 있는 정서적인 충분한 기억들을 많이 채워야 하는 것이 바로 어머니의 본분이고 어머니로서의 삶이 아닐까 싶다. 굳이 우리가 보편적으로 알고 있는 어머니가 아닌 심리가 안정적인 어머니로서 역할을 충분히 할 수 있는, 자신이 스스로 건강한 어머니로 깨달은 자가 필요할 것이다.

#5

아이에게 건네는 6가지 사랑의 에너지

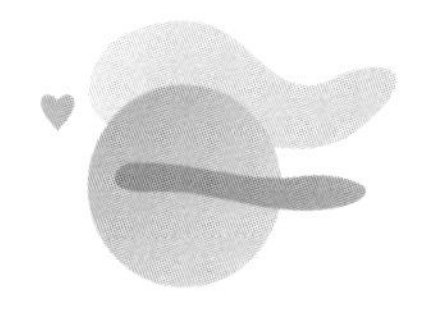

인간이면 누구나 '부모'가 있다. 비록 원하지 않아도, 심지어 시험관아기로 출생을 했다고 해도 그 아기의 부모는 존재한다. 부모라는 존재를 통해서 이 세상엔 '나'라는 존재도 있다.

내게도 소중한 부모가 계시다. 유난히 아주 무섭고, 두려운 존재라는 기억이 많다. 술에 늘 만취된 모습으로 가족에게 힘을 과시하시던 아버지와 그 힘에 굴복하지 않고 맞짱(?)을 주저하지 않으시던 어머니, 두 분은 일찍부터 자녀에게 '부부UFC(종합격투기시합)'라는 놀라운 경기를 항상 1열에서 관람할 수 있는 영광(?)을 주셨다. 물론 너무 가깝게 경기를 관람하느라 내가 패자

(피해자)가 되는 경우도 많았다.

돌아보면 그 시간은 전 장[4]에서의 누군가의 말처럼 나에게도 '지옥'이었다. 아버지의 음성도 어머니의 눈빛도 다 '지옥'이었다. 집, 가정, 가족, 부모, 식사시간, 공부시간, 외식 모두 다 '지옥'이라는 한 단어로 대치할 수 있다. 나에게 유아기와 청소년기는 그야말로 '공포'였다. 그래서일까? 그 시절 나를 떠올리면 '내성적'이고 '빼빼 마르고', '표현력 부족하고' 등의 단어가 떠오른다. 지나치게 쑥스러움을 많이 타서 홀로 앉아서 곧잘 읽던 책도 일어서서 읽으면 얼굴이 붉어지고 땀 흘리며 더듬거리기 일쑤였다. 솔직히 말해서, 사람들 앞에 서게(발표나 노래 부르기 등) 하시던 선생님까지 싫어하던 나였다.

내 몸은 태어날 때부터 20대 초까지 '깡마른 체형[5]'이었다. 음식 냄새에도 민감하여 생선이나 육류를 잘 먹지 못하고 토할 때가 많았다. 아버지나 어머니처럼 강한 대상이 나타나면 꼬리 내리기 바빴고 그들에게 곧잘 순응했다. 맞기 싫어서…….

참 많이 맞았다(체벌과 가정폭력). 학교에서든 집에서든 어디든 맞는 게 일상인 시절, 폭력 앞에 머리를 조아려야만 했던 시대,

4) 앞서 '여긴 지옥이에요'에 등장하는 학생이다.

5) 지금은 전혀 그렇지 않음을 밝힌다.

명령 앞에 복종해야만 했던 상황이었다. 내 또래이면 좀 더 공감할 수 있는 내용이기도 하다. 폭력은 반드시 폭력을 낳는다는 이상한 진리(?)를 깨닫고 청년이 될 때까지 숱한 방황을 했다.

그런 가운데 결코 잊혀지지 않는 폭력이 있으니 바로 부모로부터 받은 학대였다. 유아기부터 청소년기까지 불편한 시대적인 상황 속에 여러 폭력이 있었어도 다 잊을 수 있지만 내 부모로부터 받은 학대는 잊을 수가 없었다. 그래서일까? 청소년 시기의 내 모습은 쉽게 나 자신을 손상[6]시킬 수 있었다. 희생이 아닌 손상이다. 위험인 줄 알면서 위험에 처하기를 즐겼고 독인 줄 알면서 독에 빠져가는 내 모습을 방관했다. 어차피 나라는 존재가 그다지 중요한 존재라고 생각하지 못했기 때문이다. 내게 '가정'이란, 불필요함이 아니라 존재하지 말아야 할 '고통'이었다.

그렇다면, '가정'은 내게 정말 '고통'이고 '악'이었나?

여기서 먼저, 요즘 가정을 들여다보자. 현재에도 '가정'이라는 자그마한 소사회(小社會)의 문을 조심스럽게 열어보면 소통하는 기술도 부족하지만, 더 안타까운 것은 자신과 가족(특히 자녀)에 대한 이해가 너무도 부족하다는 것이다. '이해'라는 의미가 단지 '~에 대한 지식'이란 뜻이 아님을 먼저 밝힌다.

---

6) 코헛(Heinz Kohut)의 자기심리학(self psychology)에 근거한다.

나는 '가정은 건강한 소통의 뿌리가 되는 근원지'라고 정의한다. 가족 안에서의 소통이 가장 중요하다는 말도 되겠지만 그 이상의 의미를 지니고 있다.

'소통의 뿌리'라는 단어를 썼고 '근원지'라는 말을 썼다. 어렵지 않다. '건강한 소통'을 형성하는 데 꼭 필요한 곳이 '가정'이다. 이 문장의 개념적 정의를 통해 '왜 가정이 건강한 소통의 뿌리가 되는 근원지'인지를 정리해보자.

제일 먼저, '근원지'라는 의미는 '샘'이다. '근원(根源)'이라는 말이 '물줄기가 나오기 시작하는 곳'이다. 끊임없이 솟아오르는 샘물이다. 바로 가정이라는 테두리 안에서 가족에게 가장 근원적으로 필요한 에너지인 '사랑(애착, 애정)'이다. 조건 없는 사랑과 퍼주는 사랑이라고 할 수 있겠다.

이 '무조건적인 사랑'에 '뿌리(자기이해와 타인이해)'를 내려야 비로소 건강한 소통을 하는 가족을 이룰 수 있다. 우리는 흔히 '자기이해'라는 단어를 사용할 때, 일반적으로 전문가가 아닌 사람들은 성향과 유형을 분석(성격유형검사)하거나 투사검사와 같은 도구를 활용하여 자기를 이해하는 경우가 많다. 자존감의 정도도 '자존감 검사'로, 공격성(분노)이나 우울성향도 검사도구를 활용하여 내담자[7]의 생각이나 의견은 상관없이 검사의 결과로 성향과 병리적인 결론을 짓곤 한다. 하지만 그 어떤 심리적인 도구나 행위적인 결과보다 우선적인 것은 '당사자인 자신이 진심으로 자기를 이해하고 있는가?'이다.

우리는 여기에서 두 가지를 질문하고 발견해야 한다.

하나는 '나는 사람으로 태어나서 진실로 사랑만 받고 자라 왔는가?'이고, 다음은 '나는 나 자신과 타인을 진심으로 이해하고 사랑하는가?'이다. 이렇게 자문(自問)하고 스스로 답을 말해보자.

무조건적인 사랑 안에서 자신과 타인까지 이해하고 사랑한다면 더할 나위 없이 행복하고 건강한 인생을 영위할 수 있을 것이다. 하지만 안타깝게도 위 두 가지 질문에 모두 '네!'라고 답할 사람이 몇 명이나 될까? 완벽한 '가정'이 과연 있을까?

이쯤에서 나의 이야기를 다시 이어가고자 한다.

내게 어릴 때의 '가정'[8]은 정말 '고통'이고 '악'이었다. 하지만 이미 과거형이다. 이제 내게 '고통'과 '악'을 느끼게 하는 가정은 없어졌다. 지금은 건강하게 분리되어 멀찍이서 일정하게 이해하고 이야기하며 또 돕고 조화롭게 사랑하는 관계다. 애타게 찾는 관계도 아니지만 그렇다고 멀어지고 싶은 관계도 아니다. 밀접한 관계이기보다는 편한 관계이고 부담을 주기보다는 배려하는

7) 상담에서 '상담을 필요로 하여 의뢰한 사람'이다.

8) 나의 원가족인 '부모와 나'를 중심으로 말하고 있다.

관계로 맺어져 있다. 어떻게 이렇게 될 수가 있었을까?

한 문장으로 답한다면 '부모는 생명의 울타리다'라는 나의 멘토 중 누군가의 가르침 덕분이다. 그러한 가르침으로 우리는 진실한 사랑의 대화가 필요하다는 것을 깨닫게 되었다. 그 가르침을 정리해보면 진실한 사랑의 대화에는 6가지의 에너지가 필요하다.

관심, 배려, 지지, 인정, 격려, 칭찬이 그것이다. 이 6가지는 '존중'이라는 한 단어로 묶을 수 있다. 존중이란 단어로 묶어서 보면 나를 존중하고 타인을 존중할 때 관심, 배려, 지지, 인정, 격려, 칭찬의 에너지가 나오는 것이다. 자아존중, 자아정체감도 중요하다. 사랑의 에너지가 있는 사람들은 '고마워, 미안해, 괜찮아, 사랑해, 소중해'라는 5가지 단어를 많이 쓴다.

하지만 가정이 역기능적인 가족이 될 경우 병리적이고 건강하지도 않다. 그래서 이러한 가정에서는 아이들이 눈치를 많이 보고 부정적인 지레 짐작도 많이 한다. 또한 아이들이 힘들다고 얘기하지 않고 상한 감정을 드러내지도 않는다. 인간관계에서는 평등한 교류보다 힘이 중요하다고 생각한다. 그렇다 보니 대화할 때 일방적이고, 암시적인 말을 하거나 혼란스러운 말을 사용하여 논리가 없다. 이들은 내면이 늘 외로운 것이다. 자신의 고립된 감정을 나눌 곳도 없고 나눌 대상도 없다. 상처를 받지 않기 위해 방어적인 자세를 취한다. 거짓말을 자주 한다거나 자기 합리화를 통한 방어기제로 혼란스럽게 한다. 그래서 이러한 에너지와 더불어 아이들에게 꼭 필요한 3가지 반응이 필요하다.

'안아주기, 반응해주기, 어루만져주기'가 그것이다. '토닥토닥 엉덩이 팡팡~', '머리 쓰담쓰담~' 하면서 안아줄 때도 "사랑해. 내 새끼~" 이렇게 얘기해주면서 꼭 품어 안아주는 것이 좋다. 그리고 아이 얼굴을 보면서 웃어주고 아이가 울면 같이 슬퍼해주는 반응이 필요하다.

그러면 아이는 더 울 것 같지만 그러면서 엄마의 사랑을 받는다는 것을 느낀다. 머리를 '싸악~' 어루만져 주는 것도 중요하다. 이와 같은 어떤 애착 행위, 접촉 행위가 아이들에게 필요한 것이다. 엄마가 없으면 아이들은 정서적으로 불안해하면서 신체적인 발달에도 문제가 생길 수 있다. 엄마는 공감 능력이 있어야 하고, 민감하며, 사랑할 줄 알아야 한다. 여기서 꼭 잊지말아야 할 중요한 부분은 이러한 건강한 어머니 옆에는 건강한 남편이 꼭 필요하다는 점이다. 두 사람의 건강한 애착형성이 자녀에게 반드시 영향을 주기 때문이다.

#6

심리검사로 알 수 있는 것들

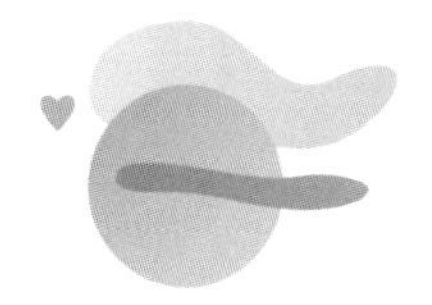

가끔 TV를 보다 보면 심리상담사가 아이들의 행동을 관찰하며 심리검사를 진행하는 장면이 나오곤 한다. 심리검사는 개인이 가진 정신병리적인 요인을 비롯하여 지능, 성격, 적성 등을 측정해 그 사람에 대해 더욱 깊이 있게 분석하고 이해할 수 있게 하는 도구다. 이 도구를 적절하게 잘 활용하는 것은 중요하지만 검사 결과 자체를 지나치게 맹신하지 않도록 주의해야 한다. 코칭이나 상담을 진행하는 입장에서 아동이나 청소년의 행동에 대해서는 민감하지 않고, 검사에 대한 결과지만을 너무 믿어버리는 것은 코치나 상담가로서 좋은 자세가 아니다. 심리검사를 적극적으로 활용하되 주의해야 할 점들에 대해 살펴보고, 심리검사를 통해 어떠한 사실들을 알 수 있는지 명확히 살펴보자.

심리평가란 무엇인가?

첫 번째로 심리검사를 하는 데 있어 가장 중요한 점은 심리검사는 필요한 조건들을 채워야 한다는 것이다. 심리검사에 필요한 조건들을 채우지 않으면 올바른 결과를 도출하는 심리검사가 이루어지지 않을 수 있다. 우리가 알고 있는 대부분의 심리검사는 심리검사가 아니라 심리평가일 확률이 높다. 질문지를 사용한 검사나 유형론 검사는 심리검사라기보다는 심리평가에 가깝다. 심리평가라는 넓은 카테고리 안에 심리검사가 있는 것이다.

그렇다면 심리검사를 포괄하는 심리평가라는 것은 무엇일까?

심리평가의 첫 번째는 행동평가다. 행동평가는 코치들이 질문을 통해서 또는 관찰을 통해서 탐색하는 것이다. 코칭을 세 가지로 나눈다면 탐색, 통찰, 실행인데 코치는 무엇보다 탐색을 잘하는 사람이 되어야 한다. 그 탐색을 통해서 통찰에 이르고 실행단계로 옮기는 것이다. 그래서 코칭을 받는 대상자[9)]와 코치가 서로 탐색과 통찰, 실행의 과정을 통해 함께 원하는 것을 얻어갈 수 있고, 목적한 바를 이룰 수 있으며 함께 세운 방향에 도달할 수 있는 상담이나 코칭 프로세스가 만들어져야 한다. 그래서 심리평가 중에 이 행동평가는 아이가 드러눕거나, 뛰어다니거나, 소리를 내거나 고함을 치고, 울거나 화를 내는 등의 어떤 행동과 관련해서 '이러한 행동이 왜 나타났을까?'를 분석하는 것이다.

그러한 행동과 관련된 선행사건, 그 사건에 대한 반응, 그 사건에 결과, 반응에 대한 결과 등을 분석해서 '왜 이러한 사건을 통해서 이 사람이 이런 행동을 나타내는가?'를 이해하는 것이다. 이런 분석은 피검자가 반복하는 언어적 요소뿐만 아니라 비언어적 요소, 즉 피검자의 얼굴 표정, 몸짓까지 해당된다. 따라서 상담자(코치)는 질문과 미션 수행을 하며 '왜 저런 단어가 되풀이되고 있을까? 왜 저러한 행동이 반복되고 있을까?' 등을 탐색해나간다. 탐색을 통해서 피검자가 실제 생활에서 보이는 행동 특성과 미래의 행동 패턴을 예측하는 데 단서가 되는 것이 바로 행동평가인 것이다.

물론 심리검사를 활용할 수도 있지만 1:1 상담과 코칭, 현장에서의 어떤 행동을 관찰하면서도 느낄 수 있는 것이 바로 행동평가라 할 수 있다.

---

9) 상담에서는 '내담자'라고 한다.

두 번째 심리평가는 임상적 면담이다. 임상적 면담은 개인이 현재 제일 중요하게 바라고 호소하고 있는 문제에 대해 이해하는 것을 목표로 한다. 따라서 깊이 있는 치료적인 상담이 아니라 임상적 면담도 평가의 한 방법이라 할 수 있다. 쉽게 말해 피검자의 기본적인 정보를 얻는 것인데, 예를 들면, 피검자의 인적사항, 가족관계, 가족과 관련된 사건 정보들, 상담을 통해서 얻고 싶은 부분, 청소년이라면 학교생활, 자신의 미래에 대한 것, 가족에 대한 것, 또 그중에서도 더욱 세밀하게 진로, 학습의 능률 등 하나하나 체크할 수 있는 기본적인 항목이다.

임상적 면담을 통해 상담자는 목표 설정을 분명히 해야 한다. 때로는 내담자가 본질적인 목표는 뒤로한 채 다른 이야기에 빠지는 경우가 종종 생기기 때문에 임상적 면담을 통해서는 내담자가 제공하는 중요한 정보들을 바탕으로 '상담을 시작하면 꼭 알고 싶었던 목표'부터 상담사가 점검해 나가는 것이다. 여기에는 주 호소 문제, 즉 상담으로 해결하고 싶은 문제에 대한 정보를 얻고, 이러한 문제 속에서 현 증상의 심한 정도를 가늠해 본다. 예를 들어, 우울 증상이 있다면 '이러한 우울증적인 성향이 나타난 지 얼마나 되었는지, 또는 학교에 가기 싫어한다는 사실과 등교 거부를 하는 데 기여한 요인(아빠와의 관계가 나쁨, 학교에서의 친구 관계가 힘듦, 왕따를 당한 경험 등)'을 적절한 질문을 통해

밝혀내야 한다.

그리고 피검자의 발달력, 예를 들어 현재 나이가 몇인데 키와 몸무게는 어느 정도이며 혹시 발달상의 문제점이나 가족관계에 대한 질문도 할 수 있다. 이 과정은 면담을 통해서나 혹은 서식으로 충분히 파악해야 한다. 기본을 모르고 아이를 상담할 수 없기에 한 사람 한 사람의 삶이 긍정적이고 발전적으로 바뀔 수 있도록 핵심적인 부분들은 상담 전에 면밀히 검토해야 할 필요성이 있다.

세 번째 심리평가는 질문지다. 여기서 질문지는 심리검사와는 다른 '체크리스트'로서 이를 활용해서 면담에서 특히 주목해야 할 행동이나 증상들의 대략적인 목록을 얻을 수 있게 된다. 요즘은 전반적인 문제뿐만 아니라 개별 증상을 측정하는 질문지도 다양하게 개발되었는데, 예를 들면 우울증 검사지, 분노조절 장애에 대한 검사지, 자아존중감 검사지 등이다. 질문지와 심리검사지의 차이점에 대해 간략히 살펴보면, 질문지는 개별적인 특정 증상이 임상적으로 의미가 있는지 여부를 판단할 수 있게 해주는 기준 점수를 제공한다. 따라서 5단계 리커트 척도로 점수를 매겨 이 점수 분포에 따라 어떠한 특성이 있는지를 설명하는 것이 대부분이다. 그렇기에 특정 검사에 대한 선별 검사로는 아주 유용하다.

심리검사의 요건

심리검사의 요건 중에 첫 번째가 바로 신뢰도다. 검사-재검사의 신뢰도, 동형검사의 신뢰도, 반분신뢰도, 내적 합치도(또는 일치도) 등을 통해 신뢰도가 어느 정도인지를 검증해야 할 필요가 있다. 두 번째는 타당도이다. 신뢰할 수 있는 것도 중요하지만 이 검사가 목적에 타당한지, 질문 항목들이 목적에 맞는 기능을 하고 있는지 등의 타당성을 따져야 한다.

그다음은 표준화다. 표준화 작업을 거쳤는지가 굉장히 중요한데, 검사지 중에서도 이 같은 사실이 기록된 검사지가 있고, 기록되지 않은 검사지가 있다. 표준화는 어느 누구를 대상으로 하더라도 같은 방식으로 검사를 실시하고 채점하여 해석할 수 있는 규준을 가지고 있는 조건이므로 표준화된 검사지는 표준 절차를 구체적으로 명시해야 하고, 검사자 역시 그것을 잘 숙지하고 따라야 한다.

그리고 마지막으로 적절한 규준 또는 그 원칙이 마련되고 지켜져야 한다.

심리검사로 알 수 있는 기질, 성격, 심리의 이해

심리검사로 우리가 무엇을 알아야 하고, 무엇을 알 수 있을까? 첫 번째는 유전적 · 선천적으로 개인이 가지고 있는 탁월한 기질, 캐릭터를 이해할 수 있다. 기질을 알아야 성격이 이해가 되고, 성격이 이해돼야 개인의 심리가 정리되는 것이다. 자기가 스스로 자신의 심리 상태를 이해하게 되는 것이 진정한 자기이해다.

10대 아이들도 마찬가지로 자기가 태어난 그 원기질의 모습, 본성의 모습이 스스로 이해가 되면 상당히 건강해질 수 있다. 그래서 아이들 스스로가 '내가 이런 사람이구나, 내가 이렇구나.' 하는 것을 느끼도록 또 이해하고 수용하도록 이끌어주는 것이 중요하다. 본인의 모습을 자기 스스로 받아들일 수 있어야 심리적으로도 건강해진다는 의미다.

기질은 근본적으로 변하지 않으며 주로 청소년기에 막 나타나게 된다. 그러나 각자가 가진 이 탁월한 기질이 청소년기에 올바로 지배하면 좋은데, 어떠한 사건으로 인해 막혀버리면 원래의 기질이 드러나지 않을 수 있다. 불안정하거나 부정적인 환경이 지속적으로 개인에게 영향을 끼치면 기질이 보이지 않게 된다. 반면, 기질에 긍정적인 환경이 붙으면 상당히 건강해진다. 가정생활, 학교생활, 사회생활도 잘하고, 자기 개인에 대한 생활에도 힘이 넘친다.

사람은 누구나 어떠한 '기질'로 태어나지만 많은 사람들을 만나며 자라기 때문에 그 기질이 숨겨진다. 보통은 자존감이나 선천적인 기질들이 건강하고 내면의 세계가 건전하면 어려움이 있어도 이겨낼 수 있지만, 그렇지 않다면 매사가 힘들게 느껴진다. 가족과의 관계도 힘들고, 생활하는 것도 힘들게 다가오며, 학교에 가기 싫거나 툭하면 직장을 그만두고 싶어진다.

성격은 20~50대까지를 지배한다고 하는데 환경적으로 잘 수용되고 건강하게 자란 사람과 건강하게 자라지 못한 사람을 우리는 쉽게 구분하려 하는 경향이 있다. 그래서 '저 사람은 인품이 좋아', '저 사람은 성품이 좋네', '저 사람은 성격이 왜 저래? 성깔 장난 아니네!' 등등 성격에 대한 평가를 하게 된다. 아이들도 마찬가지다. 타고난 기질은 참 활달한데, 학교 선생님한테 꾸중을 듣거나, 집에서 꾸지람을 받거나, 친구들로부터 놀림의 대상이 되면 아이의 기질이 가려져 점점 피폐한 생활이 이어지고 성격도 점점 안 좋은 방향으로 나아가게 되는 것이다.

이때 바로 심리적인 결함이 드러난다. 그 심리적인 결함이 일상생활에 문제를 일으키게 된다. 따라서 10대 청소년들을 이해할 때도 질문이라는 것을 통해서 다양한 정보를 얻을 수 있지만, 조금 더 확실한 진단지라 할 수 있는 표준화된 검사지, 체크리스트 같은 것들이 잘 활용되면 기질과 성격을 정리하고 심리적인 문제를 해결하는 데 아주 좋은 자료가 된다.

사람이 살아가는 데 기질이 사실 핵심적인 요소다. 그다음에 사회 속에 살아가면서 성격이 둘러싸이는 것이다. 또 이 기질과 성격이 건강하게 발전하고 성장했을 때 그것이 바로 건강한 인격, 좋은 인격을 만들어낸다. 그래서 때때로 심리평가는 청소년이 자신을 이해하고 깨닫는 데 좋은 도구가 되기도 한다. 끝으로 다시 한 번 강조하지만 검사결과 자체가 내담자 자신이라는 성급한 판단은 주의해야 한다.

#7

아이들은 자신의 미래를 궁금해한다

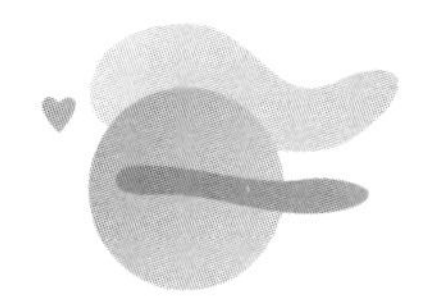

25년 이상 심리상담과 진로코칭을 병행해 오면서 지금까지 셀 수 없을 정도로 많은 청소년들을 만나왔고 지금도 만나고 있다. 그들을 만나 이야기를 하면서 느낀 것은 '아이들은 자신의 진로에 대해 진심으로 관심이 많다'는 것이다. 어느 고등학교에서 3학년 학생들을 대상으로 상담했을 때의 일화다.

8회기의 진로코칭 수업이 계획되어 있었고, Holland검사, 다중지능검사, DISC검사 등 여러 다양한 진로와 관련된 검사도구와 교구들을 통해 적성이나 진로를 찾는 수업이 한창 진행되는 동안 한 여학생은 피곤했는지 늘 엎드려 누워 곤하게 잠을 잤었다. 모든 학생을 대상으로 한 것이 아니라 진로를 찾고 싶은, 자신의 적성과 흥미가 무엇인지를 알고 싶어 하는 학생을 대상으로 한 진로코칭이었다.

하지만 그 여학생은 매회기마다 진행하는 클래스에 출석은 했지만, 늘 책상에 엎드려 누워있었다. 나는 이 학생이 그럼에도 불구하고 이 클래스에 참석하는 게 신기해서 그 여학생을 깨우지 않고 가만히 지켜보았다. 5회기까지 진행되었을 때까지도 이 여학생은 늘 누워있는 상황이었는데 6회기가 진행되던 순간, 갑자기 자리에서 일어서더니 자신의 진로적성검사의 결과지를 나에게 '툭!' 내밀었다.

이 학생은 5회기까지 진행되는 동안 다른 친구들이 적성을 발견하고, 자신의 성격 유형을 분석하여 명확히 알아가고, 1:1로 상담을 하는 과정을 전부 누워서 관찰(?)하고 있었던 것이다. 늘 누워서 잔다고만 생각했던 아이가 결과지를 내밀기에 속으로는 놀라웠지만 "왜 그래? 넌 안 할 거잖아?"라며 농담을 건넸더니 계속 나의 옆구리를 툭툭 치면서 자신의 결과지도 봐달라는 것이 아닌가!

다 큰 성인들도 자신의 미래가 늘 궁금한 법이다. 이 아이도 역시 자신의 미래에 대해 걱정이 되고 알고 싶었던 것이다. 아이들을 하나하나 만나보면 자신의 미래를 궁금해하지 않는 아이는 없다는 걸 알게 된다. 그러나 우리는 아이의 겉모습만 보고 미래를 비관적인 사고와 시선으로 편견을 가지고 바라보는 경향이 큰데, 지속적으로 긍정적인 미래상을 보여주고 코칭을 통해 아이들이 스스로의 미래를 열어갈 수 있는 길을 제시할 수 있는 어른이 되어야겠다는 책임감이 드는 사례였다.

진로코칭을 통해 아이들에게 꿈이 생기면 사회에 점점 적응할 수 있는 힘이 생긴다. 그것이 진로코칭의 핵심이다. '나도 저런 꿈 꿨었는데', '나도 저 유형이랑 비슷한데', '나도 저런 것 해보고 싶은데……'처럼 다른 사람들을 보며 공감을 느끼고 자신을 이해하게 되는 것이다. MBTI, DISC, Holland 워크숍에서 소감을 발표하는 시간을 가져보면 하나같이 "나 같은 사람이 또 있는 줄 몰랐어요!"라고 이야기한다. 그동안 자신만 독특하고, 주변에서 자신만 잘못되어 있다고 비난해서 속상했는데 검사를 통해 비슷한 유형의 사람, 비슷한 성향의 사람들을 만나게 되니 신기한 것이다. 성격유형검사는 이러한 특징을 가지고 있다.

이 세상은 우리 각자가 가진 장점과 단점들이 뒤섞이고 적절히 융합되어 또 하나의 작품을 만들어가는 것이다. 모든 인간에게는 잠재능력과 가능성이 있으며 아이들로부터 그것을 끄집어내주는 것이 바로 진로코칭인 것이다.

무려 1990년대까지만 해도 초등학생(당시는 '국민학생'이라고 했음) 아이들에게 꿈이 뭐냐고 물으면, '대통령, 미스코리아'가 다였다. 또는 '회사원, 간호사 등' 그래도 한 학급당 절반은 꿈을 말했다. 하지만 요즘은 초등학생만 되어도 미래를 꿈꾸지 못하는 아이들이 많다. 그 이유는 부정적인 자아상을 형성한 이유도 있지만 불확실한 진로와 직업의 현실이 이들에게 꿈을 주지 못하고 있기 때문이다.

심지어 '내가 태어난 이유는 무엇인가, 나의 정체성은 무엇인가'를 고민한다. 그리고 중 · 고등학생이 되고 대학생이 되면 '나는 어떻게 살아가야 하는가, 나는 어떤 존재인가, 나는 어떻게 이 나라에서 내 역할을 하며 살아갈 수 있는가'를 고민한다. 자신의 정체성에 대한 확신은 아니더라도 안정감은 있어야 하는데 늘 불안한 상태와 불확실한 현실에 놓여 있는 것이다.

그것의 기초는 가정인데 가정이 제 역할을 못하면 불안할 수밖에 없다. 어떻게 해서든 아이들에게 선한 영향을 주고 동기를 부여하는 도구가 필요하다. 그래서 부모와 교사, 우리 어른들이 아이들의 빛나는 미래를 소원하고 있다면 진로에 대한 관심과 건강한 대화를 통한 '코칭'의 기술이 필요하다는 생각이 든다.

진로코치들이나 학습코치들과 더불어 이 사회, 각 학교, 가정과 연계된다면 반드시 우리 사회에 좋은 인재들이 쏟아져 나올 것이라 확신한다. 진로코칭을 통해 아이들이 자신만의 꿈을 꾸고 긍정적인 미래를 설계할 수 있다면 대한민국의 국민을 뛰어넘어 전 세계에 나가 활발하게 활동하고 자신의 역량을 최대치로 펼치며 활약하는 글로벌 인재들이 많이 나오지 않을까 생각해본다.

#8

진로교육은 자기이해, 진로탐색, 직업체험의 과정이다

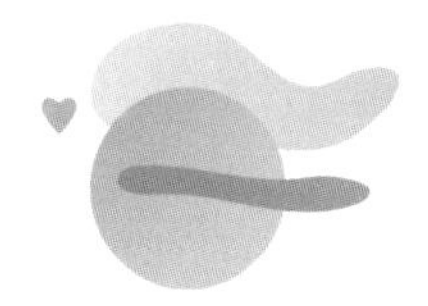

최근 들어 학교 내 진로교육이 확대된다는 말이 나오기 시작했다. 중학교 과정 중에 한두 학기는 주입식 교육과 경쟁으로부터 한 걸음 떨어져 학생의 소질과 적성을 키울 수 있는 다양한 활동을 체험하는 '자유학기제와 자유학년제'라는 것이 시행되면서 초등학교부터 대학교까지 하나의 진로교육 체계가 마련된 것이다.

초등학교에서는 '진로인식의 단계'라고 해서 쉽게 말해 중학교의 자유학기제를 준비하는 과정이라 할 수 있다. 그리고 중학생이 되면 자유학기제를 통해 진로탐색의 단계를 교육받게 된다. 아이들은 진로탐색을 하고 난 뒤에 진로설계를 해서 특성화 고등학교로 진학을 할지, 아니면 입시를 목표로 한 고등학교에 진학할지 스스로 결정해본다. 대학교에서는 다시 한번 진로를 선택하게 되는데, 전공과목을 공부하면서 자격증을 취득하거나 필요한 것을 준비하여 사회의 건강한 구성으로서 자리를 잡는 것이다. 이것이 바로 우리나라의 현재 진로교육의 체계이다.

언뜻 보면 중학교에서만 자유학기제를 시행하는 것처럼 보이지만 사실 초등학생들도 이 자유학기제를 실시하는 중학생을 대비해 자유학기제와 유사한 프로그램들을 진행하고, 고등학교에서도 진로설계에 대한 부분에서 진로캠프나 진로에 대한 역량강화, 취업역량강화에 대한 것들을 배우게 되며 대학에서도 역시 마찬가지다.

그렇다면 자유학기제라는 것, 소위 말해 중학교에서 실시하는 진로탐색이란 무엇일까? 첫 번째는 자기이해의 과정이고, 두 번째는 진로탐색의 과정이며, 세 번째는 직업체험이다. 중학교 자유학기제에서의 진로탐색은 바로 이 세 가지 단계로 이루어져 있다.

첫 번째로, 자기이해를 해야 하는 이유는 사고가 확대된 상황 속에서 자신의 미래를 보는 것과 자신을 전혀 이해하거나 수용되지 않은 상황에서 진로를 탐색하는 것은 하늘과 땅 차이이기 때문이다. 자신을 의식하지 못하는 상태로 진로탐색을 하게 되면 일종의 놀이나 레크리에이션을 하는 것과 다를 바가 없다. 자기이해를 제대로 하지 못하면 아이가 진행하는 모든 검사나 활동에 마음이 없거나 자신과 전혀 관련이 없는 활동들이 될 수 있기 때문에 유의해야 한다.

두 번째로, 진로탐색 단계에서는 여러 가지 검사 도구와 다양한 활동, 교구와 프로그램을 통해 탐색 과정을 거치고, 세 번째로 직업체험을 하게 되는데, 현재 학교에서 진행되는 것들을 보면 실적을 세우기 위한 견학 위주가 많다. 물론 잘하는 학교들도 있지만 개인적으로는 아이들이 직접 직업의 현장에 들어가서 몸소 그 일들을 해보는 것이 더 강화되어야 하지 않을까 하는 생각이 든다. 그것이 진짜 직업체험이 아니겠는가. 해보지 않고는 자신에게 맞는지, 하고 싶은지 알 수가 없다.

자유학기제 기간 동안 자기이해, 진로탐색, 직업체험이 순환적으로 계속 반복될 수 있는데, 프로그램을 진행하다 보면 '처음에는 이렇게 자신을 이해했는데 지금은 또 다르게 이해가 될 때'도 있을 수 있다.

첫 번째 진로탐색을 할 때는 아이들이 머뭇거리며 의아심과 의구심, 호기심으로 했다면, 직접 직업체험을 해보면서는 다시 느끼게 된다.

예를 들어서, 한 아이가 가수가 되고 싶다는 꿈을 가지고 있다 하자. Holland이론을 기반으로 한 진로검사 항목에 자신은 음악을 잘하는 것 같고 음악을 좋아한다고 일부러 계속 체크해 나간다면 당연히 예술형이 나올 것이고, 다중지능검사에도 음악에 대한 것들 체크하면 결국은 음악지능이 나오게 된다. 그러나 그런 검사 결과는 진짜가 아닐 수 있다. 자기이해가 충분하지 않으면 오히려 자기 생각을 지우고 '요즘(대중적인) 생각'을 자신의 생각인 것처럼 끼워 맞추게 되는 것이다.

지도하는 사람들 역시 "RIASEC 검사를 했더니 예술형이 높네?" 하며 "너는 실용음악과로 가야 한다"고 아이가 원하는 대로 진로를 정해주거나 해당 전공을 배울 수 있는 대학에 가라는 무모한 상담을 해주어서는 안 된다. 반드시 체험이 필요하다. 가수들이 음악을 녹음하는 스튜디오에 가서 오디션이나 테스트를 받아만 봐도 음악성이나 재능이 있는 아이인지, 박자감은 있는지 등을 알 수 있다. 가수라는 꿈을 가지고 있지만 체험을 통해서 본인의 적성인지 아닌지를 스스로 판단할 수 있게 되는 것이다.

경험을 통해서 다시 자기이해를 하게 되고, 자기이해를 한 후 재탐색을 하는 것이다. 그러고 난 뒤에 또 실행을 한번 해보고……. 아이들의 진로탐색은 계속 이렇게 재탐색하는 과정을 거칠 필요가 있다.

진로코칭을 하다 보면 요즘 아이들은 '연예인, 가수'에 많은 환상을 품고 있다. 직접 기획사에 찾아가기도 하고, 부모에게 실용음악학원에 보내달라고 떼를 쓰기도 한다. 그러나 한국에서 K-POP 가수, 아이돌이 되기는 로또에 당첨되는 것보다 어렵고 힘들다. 이러한 아이들에게 가장 좋은 진로코칭 프로세스는 체험을 해보게 하는 것이다. 꿈을 깨뜨리려는 게 아니라 '가수나 연예인은 누구나 될 수 있다'는 착각에서 벗어나도록 해주는 것이다.

가수가 되기 위해서는 그만큼 노력하지 않으면 힘들다는 것도 알게 해줄 필요가 있다. 유명하고 잘나가는 아이돌은 그냥 탄생하는 것이 아니다. 피나는 노력과 고통, 외로움, 두려움 등을 이겨내면서 그 자리에 서기까지 자기 자신과의 싸움이 얼마나 크며 부모들은 얼마나 애를 태우는 시간을 보내는지 체험하지 않으면 알 수 없다.

따라서 아이들의 진로탐색에는 충분한 시간이 필요하다. 자기이해의 시간, 진로를 알아보는 시간, 체험할 수 있는 시간도 충분히 있어야 한다. 예산이 있느냐 없느냐를 떠나 한 사람의 인생을 바꿀 수도 있는 그 시간을 학교 내에서 꾸준히 실행할 수 있는 기회를 가진다면 아이들의 미래가 더욱 행복해지지 않을까 싶다. 결론적으로 청소년기는 자기 자신이 누구이며 무엇을 좋아하고 잘하는지를 깨달아 알아가는 시기다.

Part 03

알아차리다

Awareness

#1

자기이해를 통해 알아차림이 일어난다

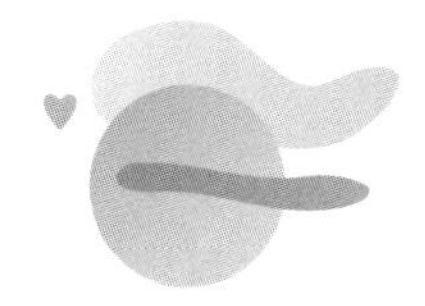

공교육 현장에서 '자유학기제 때문에 머리가 아프다'라는 반응보다는 '이 기간을 통해서 얼마나 좋은 인재를 양성할까?'라는 질문을 던져서 다양한 프로그램을 기획해 나가는 것은 어떨까 하는 바람이 있다. 결국 자기이해 안에서 아이들의 인성을 발견할 수 있기 때문이다. 진로교육을 통해서 인성교육이 가능하다. 진로탐색과 직업체험이 다양하고 지속적인 사이클로 돌아간다면 더욱 창의적이고, 인성적인 아이들로 자랄 수밖에 없다.

자신을 이해하고, 자신의 진로를 탐색하고, 앞으로 가야 할 또는 가지고 싶은 직업을 체험하면서 아이들은 인간 자체, 본인 자체의 존재감을 느끼기 시작한다. 이것이 인성교육이 아니면 무엇이겠는가?

'앞으로 맞이하는 미래 사회에서 나는 어떤 직업을 가져야 할까, 어떤 새로운 직업이 필요할까'를 아이가 스스로 고민할 수 있게 된다. '코치'라는 직업도 과거에는 생소한 직업 중에 하나였다. 요즘은 너도 나도 코칭 교육을 받는 시대가 되었지만, 지금도 스포츠 선수들에게만 코치가 필요하다고 생각하는 사람들이 있을 정도로 보편화되지는 않은 것 같다. 어쨌든 학교 안팎에서 자기이해, 진로탐색 그리고 직업체험이 더 강화되어야 할 필요가 있다. 창의와 인성을 위해서라도 말이다.

그렇다면, 창의와 인성의 발견 외에 자기이해의 과정을 통해 일어나는 알아차림은 무엇일까?

첫 번째는 가정에서의 변화다. 자기이해의 과정을 통해 자신을 알아가면서 '부모님이 나에게 이런 잠재력을 주셨구나, 이런 부분은 아빠(엄마)와 닮은 부분이 있는 것 같아, 아빠(엄마)도 이걸 잘하시는데……'처럼 동시에 가족을 이해하고 존중하게 된다. 흔히 '청소년은 어디에도 속할 수 없는 주변인이다'라는 표현을 쓰는데 자기이해의 코칭을 하고 나면 가정 안에서 자신의 역할을 찾게 되고 주도적으로 자신의 몫을 해나가며 가족과의 관계가 개선되는 기대 효과를 얻을 수 있다.

두 번째는 학교생활이 변화한다. 막연하게 점수를 따라가는 것이 아니라, 자기를 탐색하고 자기의 진로를 선택하는 데 초점을 맞추게 된다. 진로코칭을 통해 자기를 이해하고 있는 아이들은 학교생활을 하는 데 있어 정체감이 뚜렷하기 때문에 학교생활에서도 주도적으로 바뀐다. 왜냐하면 '내 꿈을 위해서 지금 이 시간에 해야 될 일이 있어'라는 강한 동기부여를 받기 때문이다. 따라서 진로코칭은 단순히 아이의 직업을 찾는 과정이 아니라 나중에 학습과도 연결되는 부분이다. 자기이해의 진로코칭이 제대로 이루어지면 학교생활에서 아이가 수업 시간에 앉아있어야 할 이유를 알게 되고, 스스로 납득할 수 있는 공부를 하게 된다.

진로와 직업군이 발견되었고, 스스로 어떤 특성을 가졌다는 것을 알면 결국 자신이 원하는 직업을 얻기 위해 학습이 동반되어야 한다. 그다음은 아이가 플랜을 짜기 바빠진다. 우선순위를 정하고 매일 할 일, 1년 동안 해야 하는 목표 등이 정해진다.

또한, 학교생활에서 중요한 것이 바로 또래와의 관계인데, 아이들은 학교에서 자신과 성향이 맞는 친구들과 무리를 형성하여 지내게 된다. 그렇기 때문에 자기이해의 과정을 겪어보지 않은 자존감이 낮은 학생들일수록 자존감이 높은 무리들과 어울리기보다 자신보다 더 자존감이 낮은 무리에 속하려는 경향이 생기는데 이는 건강하지 못한 판단이다.

코치가 코칭을 잘 해주면 아이가 바라보는 미래는 확실히 달라진다. 어차피 인간은 어딘가에 소속하지 않으면 고독해지고 학교뿐만 아니라 '공동체와 무리'는 반드시 필요하기 마련이다. 따라서 학교라는 곳에서 아이들이 잘 적응하고 즐겁게 생활할 수 있도록 하는 것이 진로코칭의 또 다른 역할이자 기대 효과라 말할 수 있다.

그다음은 사회로 나아간다. 학교생활을 잘한 아이들은 이미 학교 내에서 친구들과의 관계도 좋을 것이고, 나중에 대학에 가서도 학우들과의 관계가 건강하게 형성된다. 친구들과의 건강한 어울림 속에서 교수님과의 관계, 학교 안에서 선 · 후배 간의 관계, 심지어 이제는 남녀 성구별을 넘어서서 군대의 동기, 고참, 후배와의 관계 등 직장생활에까지 모든 영역의 사회성에 영향을 미친다.

결국은 다시, 그 영향으로 인하여 건강한 가정을 이루는 부부와 부모가 되는 것이다.

앞서 다른 장에서 언급했던 미국의 경우에는 우리나라의 인성교육과 유사한 '사회성, 감성교육'을 한다. 감성교육과 함께 사회성에 관한 교육이 이어진다. 집단 속에 자연스럽게 섞일 수 있고, 사회의 한 구성원으로서 건강하게 공동체와 함께 더불어 살아갈 수 있는 사람, 다양한 사람들과 섞여서 협력하며 역량을 극대화하는 사람을 양성하는 것이 목표다. 그런 사람이 바로 한 국가를 이끄는 인재들이 되는 것이다. 그래서 무엇보다 학교생활, 공동체 생활을 잘하는 것부터가 중요하다.

이처럼 사춘기 아이들은 충분한 자기이해의 과정이 필요하다. 자신의 현존을 알아차리는 소중한 시간을 얻는 기회가 된다. 진로교육이나 진학지도에 있어서 우선되어야 할 과제가 바로 이것이다.

#2

진로는 직업이 아니라 삶(Life) 전체다

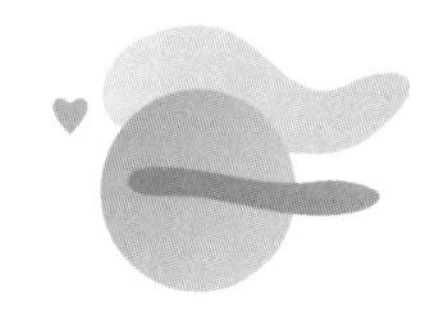

배우 최민식 주연의 영화 〈꽃피는 봄이 오면〉이라는 영화를 보면 청소년들의 간절한 바람, 바로 '꿈'에 대한 이야기가 나온다. 아이들 입장에서 어른들이 흔히 하는 질문 중 '꿈'에 대한 물음이 가장 대답하기 곤란하다고 한다. 그 이유는 무엇일까? 개인적인 생각으로는 꿈을 주는 사람 혹은 꿈을 가질 수 있게 영향을 주는 사람들이 부족해서가 아닐까 싶다.

미래의 이들이 세워갈 글로벌 시대에 우리 청소년들이 영향력이 있는 인재로 성장하기 위해서는 어른들이 꿈을 주는 자, 꿈꾸게 하는 자, 가슴 뛰는 꿈을 꾸게 하는 자의 역할을 해주는 것이 중요하다. 청소년기는 신체적 성숙뿐만 아니라 정서적 변화가 아주 급격히 일어나는 질풍노도의 시기다. 소위 어떤 성숙이 일어나는 과도기에 있는 것이다. 성장을 위한 고통을 겪고 있는 시기라 이해하며 10대를 바라봐야 할 필요가 있다.

우리는 흔히 '사고'라는 것을 드러냄에 있어서 간혹 어떠한 실수를 저지를 때가 많다. 사고라는 것은 시각과 연계되어서 보는 대로 믿는 사람이 있는가 하면 또 생각한 대로 자신의 뜻을 주장하는 사람도 있다. 그러나 내가 바라보는 관점과 더불어 상대방이 보는 것과 생각하는 것도 수용할 수 있는 태도가 중요하다.

우리가 아이들의 진로에 대해 판단하고 사고할 때도 조금 더 넓게 볼 수 있는 시각이 필요하다. 실제로 아이들의 진로코칭을 하다 보면 직업에 대한 생각이 너무나 좁다는 것을 느끼게 된다.

직업에 대한 카테고리 자체도 부모의 영향을 받았다거나 친구들의 영향, 교사의 영향을 받아서 아주 작은 사고와 지식, 정보만 알고 있는 경우가 대부분이다. 따라서 청소년 진로에 대한 코칭을 하는 데 있어서 첫 번째로 중요한 것은 '좁은 시야를 확대시키는 것'이라 말할 수 있다. 막연하게 직업을 나열하거나 학과 선정을 해주는 것이 진로코칭의 전부가 아니다. 흔히 '진로'라는 단어를 '직업'으로 인식하는 교사나 학부모가 많은데 엄밀히 말해 진로라는 것은 직업이 아니다.

진로는 삶(Life)이다. 내 삶에 대한 전체적인 시야를 확장시키는 것이 바로 진로코칭인 것이다. 따라서 우리가 지금까지 살펴보았던 청소년에 대한 이해는 아주 중요한 부분이었음을 알 수 있다. 자신이 태어났다는 사실, 자신의 부모, 학교생활 그리고 자신이 가진 본성적인 부분까지 그 전체에 대한 자기 인식이 없으면 삶에 대한 사고로 확장되기가 힘들다. 현실적으로 전체의 삶을 보지 못하고 오늘 당장의 삶에 급급한 그런 사람으로 살아가게 된다. 그래서 진로코칭에서는 인생의 목표를 설정하고 계획하는 것을 가르친다. 먼저 시야를 확대하고 사고를 확장한 후에 목표가 무엇인지를 설정하고, 그 목표에 적절한 계획을 수립할 수 있도록 돕는다.

그러나 목표와 계획을 수립하더라도 개인의 잠재능력이 발견되지 않으면 그 진로는 온전한 자신의 진로가 아닐 수 있다. 흥미와 적성을 발견하고 전체적으로 통합적인 사고가 이루어질 때 비로소 자신의 직업군을 선택하고 탐색하게 되는 것이다. 여기서 직업이 아니라 직업군을 탐색한다는 부분이 중요하다. 이제는 100세를 넘어서는 길어진 수명에 따라 다양한 직업을 가질 수 있게 되었고, 자신이 할 수 있는 직업군이 얼마나 많은지를 탐색하는 것과 그 직업군 속에서 자신의 인생을 설계하는 것, 즉 진로를 설계하는 것이 바로 진로코칭의 핵심이다.

그렇다면 이러한 진로코칭의 궁극적인 목적은 무엇일까?

왜 10대들에게 진로코칭을 해야 하는가. 앞서도 말했듯 삶에 대한 사고를 확장해주기 때문이며 가족과 사회 내에서 자신의 역할을 명확히 알게 하기 위함이라고 할 수 있다. 한 개인에게 가정과 가족은 절대 배제할 수 없는 요건이다. 가정 안에서의 역할을 스스로 감지하지 못하면 훌륭하고 성숙한 인재로, 사회에서 필요한 사람으로 살아가기 힘들다. 코칭이라는 것은 단순히 목적을 달성하는 그런 형식적인 것이 아니라 한 사람이 사회에 나아가서 어떠한 영향을 끼칠 수 있는가를 보는 것이다.

비단 청소년뿐만 아니다. 성인들도 자신이 가정에서 어떠한 역할을 해야 하는지를 명확히 아는 것이 중요하다. 가족 내에서 아버지로서의 역할을 아는 것, 어머니로서의 역할을 아는 것, 시니어들 역시 가족 구성원 내에서 어떠한 역할을 담당했었나 또는 어떠한 역할을 해낼 것인가를 고민하는 것이 바로 진로코칭인 것이다. 그 역할들 중에 하나가 바로 직업을 얻는 것(취업)이 될 수 있다.

이렇듯 진로코칭을 통해 인간은 삶 속에서 자신이 태어난 소명과 사명의식을 알아차리게 된다.

#3

진로코칭의 목적은 자아상이 건강한 인재를 세우는 것

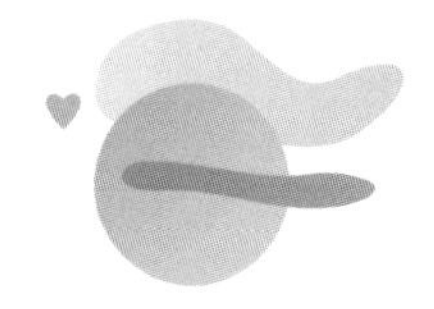

앞서 진로코칭의 궁극적인 목적 첫 번째가 '가정 내에서의 역할 알기'라고 언급했고, 두 번째 목적은 또래 집단에서의 정체감 수립이다. 가족 내에서의 역할만 알아도 자아정체감이 건강하게 세워지지만 또래 집단에서 아이들이 자신의 역할과 존재감, 정체감이 무엇인지를 아는 것도 중요하다.

예를 들어, 초등학생이 한 명 있다고 하자. 이 아이가 친구들과 모였을 때 무엇을 자기정체감으로 수립하는 것이 건강한 모습일까? 초등학생이라면 초등학생의 생각, 행동, 언어다운 것이 올바른 자기정체감이라 할 수 있다. 초등학생끼리 혹은 중학생, 고등학생끼리 모여 있는데 하는 행동은 성인을 뛰어넘는 범죄 행위를 한다면, 그 또래 집단은 건강한 또래 집단이라 할 수 없다.

그래서 가정에서의 역할이 가장 중요하고 그다음에 연계되는 것이 바로 또래 집단이다. 가정 내에서 아무리 부모가 역할을 잘 인식시키고 애착으로 잘 보듬어주더라도 또래 집단에서 어떤 상처가 생기면 아이들이 정체감 혼란에 빠질 수 있다. 아이가 속한 집단에서 어떠한 역할을 하고, 어떤 정체감 형성을 가지고 있는가를 코칭해야 바른 진로를 찾아낼 수 있을뿐더러 학교생활에서도 바람직한 활동을 이어나가게 된다.

최근 초등학생부터 대학생까지 다양한 연령대의 친구들을 만나 보았는데 학습에 참여하지 않는 아이들이 너무나 많아져서 안타깝다. 수업이 진행되는 것에는 관심이 없고 그냥 엎드려 잔다든지, 수업 시간에 아예 참여하지 않고 밖으로 나간다든지, 가르치는 교사나 교수와의 소통이 전혀 없는 사례가 많다.

과연 이것이 건강한 진로를 개척하고 있는 것일까?

가정생활과 더불어 학교생활을 건강하게 하는 아이들이야말로 정말 자신이 원하는 진로를 찾는 것은 물론 건강한 사회구성원으로 성장하게 된다. 또한 역할과 직업에 적합한 인재로 커가게 하는 것이 진로코칭의 궁극적인 목적이다.

세 번째 목적은 '영향력 있는 시민의식을 가진 국민이 되는 것'이다. 가족 내의 역할, 또래 집단에서의 건강한 정체감, 학교 생활에서의 바람직한 활동 그리고 건강한 사회구성원이 되기 위해서 준비하고, 그 역할과 직업에 적합한 인재가 되면 영향력 있는 국민이 되는 것이다. 결국은 이러한 사람들이 어른이 되어서 후대를 바르게 키우지 않을까.

나는 개인적으로 아이들의 직업군을 찾아주며 '너는 사회형이니, 예술형이니' 이 정도에서 끝나는 것이 아니라, 아이가 가지고 있는 잠재력과 적성이 어디까지 영향을 끼칠 수 있는지를 도와줄 수 있는 부분이 바로 진로코칭이라고 생각한다.

나는 1997년부터 청소년 전문가라는 꿈을 꾸기 시작하면서 진로코칭을 해왔다. 비교적 일찍 진로코칭을 하기 시작했는데 대학에 다니면서 항상 느꼈던 것이 '내가 여기(대학)를 왜 다니지? 내가 왜 여기서 공부를 하고 있지?'였다. 대학 때 수강했던 교양과목 중에 '진로 상담의 실제'라는 수업이 있었는데 정말 재미가 하나도 없었다.

특히 심리학과 상담은 실제 임상이 있어야 하기 때문에 이론만 들어서는 도저히 이해가 되지 않았다. 그러다 한 단체의 진로상담사를 수련하는 과정에서 진로 상담을 실제적으로 배우며 감을 잡기 시작했고, 배운 것을 어떤 단체나 공동체 안에 있는 청소년들에게 적용하여 상담을 해줬더니 아이들이 정말 좋아하는 것을 보며 보람을 느꼈다. 나 역시 청소년 시절에는 항상 '내가 왜 살아야 하는지, 내가 어떤 삶을 살아야 하는지, 내가 왜 태어났는지'에 대해 질문했지만 답을 낼 수 없었기 때문이다.

가족이 제대로 어떠한 역할을 못 해줄 때 개인의 역할도 자연스럽게 없어지고, 건강한 또래 집단을 만나지 못해 학교생활에서도 바람직한 활동을 하지 못하고, 건강한 사회구성원이 될 수도 없다. 역할을 모르니까 당연히 나에게 맞는 직업이 무엇인지도 모르고 나아가 영향력이 없는 국민이 될 수밖에 없는 것이다.

이러한 사람들이 나이가 들어 과연 후대를 건강하게 키울 수 있을까?

나는 진로코칭을 배우고 알게 된 후로 아이들이 진심으로 행복해하는 것을 느꼈다. 내가 속해 있는 단체나 공동체의 모든 아이들, 캠프를 통해서 혹은 개인 상담을 통해서 지속적으로 많은 아이들에게 진로 상담을 해왔는데, 자신의 잠재력을 발견하고 하고 싶은 것을 찾아가는 그 순간을 기뻐하는 아이들의 모습을 보면 마음이 뭉클하고 기쁨에 벅차오른다.

어떻게 보면 진로코칭은 개인의 만족스러운 삶을 위해서도 중요하지만 건강한 국민을 길러낸다는 사명감이 없다면 할 수 없는 영역이 아닐까 싶다.

#4

아이들 스스로 자신의 미래를 디자인하게 하라

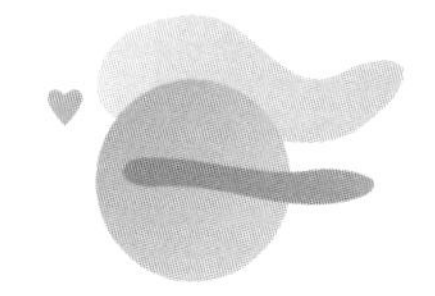

자신의 미래나 진로에 대해 고민하는 아이들에게 꼭 해주는 말이 있다. 바로 "나를 디자인하자!"는 말이다. 아이들과 함께하는 캠프나 교육에 참여할 때면 자신의 이름 옆에 반드시 다음의 네 가지를 기록하게 하는데, 첫 번째는 '곧 되고 싶은 것', 두 번째는 '롤모델', 세 번째가 '앞으로 되고 싶은 것', 마지막이 '1년간의 독서량'이다. 사실 KAIST 과학영재캠프 등과 같은 곳에 강사로 가서 초등학생을 대상으로 이것을 적어보라고 하면 술술 잘 적어내는 아이들이 있는 반면, 고등학생이나 대학생들에게 시켜보면 잘 적지 못하고 힘들어하는 모습을 종종 보게 된다.

나 역시 이 네 가지 질문에 답을 정해 목표를 항상 마음에 새기며 산다. 꿈이 있어야 일도 선택하고 다음 단계를 향한 목표와 계획을 세울 수 있는 것은 당연하다. 목표가 막연하고 자신이 어떤 역할을 하며 이 사회에서 어떻게 살아남아야 할지 모르면 한 발짝 내딛기가 어려워진다. 나이가 많고 적음에 상관없이 종이 한 장을 꺼내어 지금 바로 네 가지에 대해 적어보라.

'가까운 미래에 되고 싶은 것이 무엇인가, 곧 되고 싶은 것은 무엇인가. 또 더욱 먼 미래에 되고 싶은 무엇인가'를 생각해보자. 답이 잘 떠오르지 않고 머릿속이 멍한 백지 상태라면 이유는 단 한 가지다. 바로 롤모델이 없기 때문이다.

나에게는 롤모델이 있다. 대학원의 원장님이셨는데 성품도 좋으시고, 가르치는 것도 참 전달력이 좋으셨다. 강단에서만의 교수님이 아니라 '교육학 박사'라는 타이틀이 정말 잘 어울리는 참 교육자이시다. 이분을 닮고 싶은 것은 여전히 내 인생의 목표다. 후대를 양성하며 보여주시는 사랑과 인자함 그리고 친구 같은 표정, 그러면서도 권위 있는 가르침은 얼마나 매력적인지 모른다. 다 허용하고 수용하시면서도 가르칠 때는 뭔가 핵심이 있으신 분이다. 정말 온 마음으로 존경하는 분이다.

이렇게 롤모델을 정하고 나니 곧 되고 싶은 것은 자연스럽게 '청소년 전문가'였다. 그리고 앞으로 어떤 학교에서 훌륭한 인재를 양성하는 교육전문가가 되고 싶다. 먼 미래에는 여러 나라에 참다운 교육기관을 세우는 것이 목표다. 이 꿈과 목표를 위해서 1년에 독서량을 100권으로 잡았다. 일주일에 두 권 정도를 꾸준히 읽으면 달성할 수 있는 목표다. '옷을 팔아서 책을 사라'는 말이 있듯 책을 많이 읽는 것이 결국 전문가가 될 수 있는 길이고, 또 교육을 하는 사람으로서 반드시 실행해야 하는 과제인 셈이다.

내가 먼저 이렇게 나 자신을 디자인한 자료를 보여주며 독려하면 아이들도 무언가를 생각하고 적을 수 있는 기회가 마련된다. 롤모델을 발표하고 가까운 미래 또는 먼 미래에 롤모델과 닮아가기 위해 무엇을 해야 하는지, 1년간의 독서량 등으로 표현을 할 수가 있게 된다. 롤모델이 있으면 나머지 항목을 채우는 것은 더욱 쉬워진다.

그리고 구체적으로 아이들이 자신의 미래를 디자인하기 위해서는 시간관리 코칭이 필요하다. 먼 미래부터 현재 오늘까지 10년 단위의 계획, 그에 따른 연간 계획 그리고 월별 계획과 주간 계획, 마지막으로 오늘의 할 일 등을 세우는 것이다. 물론 다 이룰 수는 없기에 매주 코칭이 필요하다. 시간관리를 위한 기술은 자신의 인생(Life)과 꿈을 디자인하는 데 반드시 도움이 된다.

#5

교육은 지식전달이 아니라 소통과 대화다

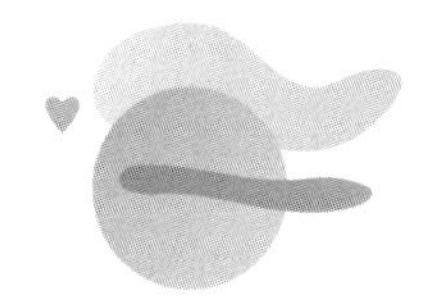

요즘 청소년들은 꿈꿀 수 없는 현실 상황 속에 갇혀있다. 성적, 스펙, 사교육 등 상위 1~10%만이 성공한다는 괴담(?)속에 갇혔다. 게다가 학교의 교육 현장은 정말 재미도 의미도 없다고 아이들은 표현한다. 물론 진심으로 학습이 재미있고 학습이 전부인 학생들에겐 아닐 수도 있다. 그럼에도 불구하고 여하튼 우리 아이들은 부모나 교사와의 충분한 대화가 필요하다.

AI 시대와 코로나19 팬데믹 시대를 경험하면서 지식전달의 교육은 온라인에서 충분히 일어나고 있다. 그렇지만 우리 아이들은 여전히 지식전달의 교육은 식상해하고 감성을 건드리는 유튜브나 온라인 영상에 몰입하는 경향이 훨씬 높다. 지식적인 정보가 거짓일지라도 감성을 자극하고 흥미로운 강연이나 영상물이 주는 것을 진리로 받아들인다. 왜 그럴까? 진짜 지식은 감동이 없어서일까? 도대체 무엇이 문제일까?

나는 심리상담사이자 학습코칭의 전문가이기도 하다. 전국을 돌며 학습 코칭 강연과 프로그램 진행 그리고 그에 따른 부모교육과 교사연수를 해왔고 또 하는 중이다. 현장에서 초등학생부터 대학생까지 학습코칭 프로그램을 진행한 결과 모두 성공적인 반응으로 평가를 받아왔다. 그 이유는 간단하다. 학습코칭 프로그램을 진행하기 전, 학습자들과의 소통을 위한 충분하고도 강력한 공감대를 형성하기 때문이다. 그것이 놀이적인 방법이든 영상 매체를 활용한 것이든 간에 학습을 놀이처럼, 놀이가 학습인 것처럼 하고 있다.

"어, 외워졌어요!"

"와, 저도 할 수 있군요!"

"아하, 필기는 이렇게 하는 거군요!"

"책 읽기가 이렇게 쉽다니……."

교육은 재미있어야 한다. 그리고 교육은 의미도 있어야 한다. 의미와 재미, 두 가지를 다 주는 학습은 꼭 기억에도 남기 마련이다. 나는 한국전쟁에 참가한 유엔 16개국을 10살 당시 노래로 암기했었다. 심지어 나라와 수도에 대한 암기도 노래로 배웠다. 54세가 된 지금도 여전히 외우고 있다. 지금 생각하면 한 살 더 많은 사촌형에게 게임처럼 서로 잘하기 위해 대결하며 외운 것이다.

교육은 딱딱하다. 그래서 맛있고 부드러운 요리로 만들 필요가 있다. 하지만 그보다도 중요한 것은 학습자와의 소통을 위한 공감대 형성이다.

필자가 계속 개발중인 학습코칭 프로그램에는 학습성격유형검사와 학습습관검사 등을 활용한다. U&I 학습성격 유형검사[10] 결과지에서 나타난 행동형, 규범형, 탐구형, 이상형을 골고루 균형있게 구성하여 학습습관을 형성하도록 한다.

부모와 자녀가 함께 테스트하여 자녀의 학습유형과 학습습관검사를 통해 학습전략을 세우는 것도 필요하다.

---

10) 여기에 실린 U&I 학습유형검사나 학습습관검사는 울산광역시 교육연수원 자료실에 있는 것으로 아주 기본적인 내용에 불과하다. 더욱 자세한 검사와 해석 상담은 연우심리개발원(www.iyonwoo.com)을 참고하길 바란다.

학습유형검사

아래 문항을 읽고 자신과 같다고 생각되면 ○, 같지 않다고 생각되면 ×를 표시해 주세요.

1. 연극이나 역할놀이를 통해 학습하는 것을 좋아한다.
2. 학교에서 하는 수업방식이 내게 맞는 것 같다.
3. 사물이나 어떤 일에 대해서 따지기 좋아한다.
4. 친구가 나에게 잘못했더라도 쉽게 용서해 준다.
5. 스스로 공부하는 분위기를 좋아한다.
6. 수업 시간에 노트정리를 꼼꼼히 한다.
7. 친구들과 어울리기보다 혼자서 생각하거나 공부하는 게 더 좋다.
8. 동화책을 읽을 때, 내가 주인공이 된다.
9. 책으로 공부하는 것보다 체험학습이나 현장학습을 좋아한다.
10. 공부할 때는 미리 계획을 세워서 하는 것이 좋다.
11. 남들 보기에 별로 중요해 보이지 않는 것에도 깊이 파고든다.
12. 감정 표현이 풍부하다.
13. 활동적인 특별활동이나 스포츠에 관심이 많다.
14. 등교시간이나 학원시간에 늦지 않는다.
15. 한번 집중하면 옆에서 무슨 일이 일어나는지 모른다.
16. 이것저것 생각은 많으나 실제행동으로 옮기는 것이 적다.
17. 짧은 시간에 집중적으로 공부하는 것을 좋아한다.
18. 토론수업을 통해 배우는 것보다 선생님이 직접 가르쳐 주는 수업이 더 좋다.
19. 잘난 척하는 것처럼 보여서 오해받을 때가 있다.
20. 칭찬받거나 꾸지람을 들으면 기분이 쉽게 좋아지거나 나빠진다.
21. 활동적이다.
22. 공공질서를 잘 지킨다.

23. 여러 가지 다양한 것에 대해 아는 것이 많다.
24. 친구 마음을 잘 이해한다.
25. 새롭고 흥미진진한 일을 찾는다.
26. 남을 잘 돕는다.
27. 모든 것을 근거(증거)에 따라 설명하려 한다.
28. 마음이 따뜻하고 성격이 좋다는 말을 자주 듣는다.
29. 해야 할 일이 있으면 빨리 해버린다.
30. 책임감이 있다.
31. 이것저것 꼼꼼히 따져본다.
32. 슬픈 일을 보면 쉽게 눈물이 난다.
33. 무슨 일이든 스스로 알아서 한다.
34. 계획적이다.
35. 이야기할 때 요점만 간단하게 말한다.
36. 남에게 친절하고 배려를 잘한다.
37. 용감하다.
38. 미리미리 준비를 잘하는 편이다.
39. 생각을 많이 한다.
40. 원칙을 중요하다고 느끼지만 나만의 생각과 느낌에 따라 생각하고 결정한다.
41. 경쟁심이 강하다.
42. 일을 차근차근 차례대로 한다.
43. 나만의 생각과 느낌이 있지만 그래도 원칙에 따라 생각하고 결정한다.
44. 작은 일에도 슬퍼하거나 감동한다.
45. 어려움을 무릅쓰고라도 어떤 일을 하고자 한다.
46. 나의 생활은 매일 똑같다.
47. 좋은 점과 나쁜 점을 잘 찾아서 지적한다.
48. 최고가 되거나 완전하기를 바란다.
49. 모든 일에 적극적이고 열심히 한다.

50. 규칙을 잘 지킨다.
51. 다음에 무슨 일이 일어날지 잘 짐작한다.
52. 마음이 넓은 편이다.

– 학습유형검사 응답지

문항	1	5	9	13	17	21	25	29	33	37	41	45	49	행동
○ ×														
문항	2	6	10	14	18	22	26	30	34	38	42	46	50	규범
○ ×														
문항	3	7	11	15	19	23	27	31	35	39	43	47	51	탐구
○ ×														
문항	4	8	12	16	20	24	28	32	36	40	44	48	52	이상
○ ×														

나의 학습유형	

- 4가지 학습성격 유형

	행동형	규범형
1. 기본욕구 2. 성격특징 3. 길러야 할 특성	1. 자유, 자발성 "예측불허 럭비공" 2. 경쟁, 모험을 통해 성장하며 미래를 위해 준비한다는 생각보다는 현재를 즐기고 변화와 자극적인 일을 선호함 3. 논리적이고 체계적으로 계획을 세우고 책임 있고 끈기 있게 노력하는 행동	1. 책임, 성실 "철두철미한 꼼꼼쟁이" 2. 성실하고 책임감이 강하며, 모든 일은 계획적이고 조직적으로 처리하고, 질서와 규율을 강조하며 만인에게 공평하게 적용하는 원리원칙주의자 3. 타인의 관점에 주의를 돌리고 다양함과 새로운 변화와 시도를 고려하는 행동
	탐구형	**이상형**
	1. 진리탐구 "호기심 투성이" 2. 끊임없는 의문을 제시하며 새로운 발견과 탐구에 몰입하며 사교적인 기술이 부족하기도 함 3. 타인의 감정이나 노력에 관심을 갖고 현실의 중요성을 인정하는 태도	1. 자아실현 "상상력이 풍부한 이상형" 2. 인간관계를 중시하고 자신에 대한 이해를 갈망하며, 타인의 감정에 대한 공감력이 뛰어남. 자기를 인정해주고 실수에서 용기와 격려를 줄 때 능력발휘 3. 객관적인 정보와 과제지향적인 면의 중요성을 인식하는 태도

나에게 맞는 학습전략

– 성격유형별 학습전략

행동형	규범형
• 자신의 학습수준을 정확히 알기 • 표 그림, 재미있는 삽화 등 시청각 자료를 활용하여 공부하기 • 실생활과 연결시켜 공부하기 • 짧은 시간 집중학습 형성하기 • 끝까지 읽고 핵심위주로 공부하기	• 단원의 과정에 따라 단계적으로 공부하기 • 기초에서 심화로 차근차근 문제풀기 • 반드시 요약정리, 도표화 학습, 반복학습하기 • 학습 시 요점과 주변요소 구분하여 공부하기 • 장기 학습계획을 수립하여 공부하기
탐구형	**이상형**
• 개념과 원리위주로 공부하기 • 다소 어려운 문제를 풀어가며 흥미를 유지하기 • 개념 이해 후 핵심을 체계적으로 정리하기 • 과목에서 각 단원의 논리적인 연관성을 파악하며 공부하기	• 선생님에 대한 좋은 감정 유발하기 • 개념과 공식 자체보다는 배경지식에 대해 숙지하기 • 학습내용 이해 후 반복적으로 문제풀기 • 다소 쉬운 문제를 풀어가며 자신감을 유지하는 것이 중요

– 성격유형별 자기관리법

행동형	규범형
• 목표를 가급적 크고 높게 설정하기(스스로) • 목표를 달성했을 때는 스스로 즐거움의 보상을 주기 • 시간계획 수립 시 휴식시간을 공부시간보다 먼저 설정하고 길게 설정할 것 • 스스로 정한 약속은 반드시 지키기 • 재학기간 중 반장과 같은 리더 경험 해보기	• 목표 수립시 과정과 절차에 대해 자세히 검토하기 • 일정한 규칙을 가지고 생활하며 공부하기 • 주변의 지나친 기대나 스스로 과도한 요구를 조절해 나가기 • 일정한 장소에서 일정한 분량을 학습하기
탐구형	**이상형**
• 자신의 능력을 충분히 인식한 후 목표를 설정하기 • 공부시간을 다소 길게 잡아도 무방함 • 일의 우선순위를 정한 후 집중해서 실행하기 • 좋아하는 여가를 유지하며, 흥미와 호기심을 끌어올리기	• 장기보다는 비교적 가까운 시일 내 달성가능한 위주로 목표세우기 • 단기 목표를 세우고 단계를 작게 나누어서 수립하기 • 시간 계획대로 하되 성공경험을 통해 자신감을 키우기 • 스스로 본받을 수 있는 모델을 설정하기

학습습관 검사

이 검사지의 목적은 여러분이 지금 어떻게 공부하고 있는가에 대한 정확한 정보를 얻고자 하는 것입니다. 이 검사를 통해 여러분이 공부에서 어느 부분이 약하고, 어느 부분이 강한지를 발견할 수 있게 될 것입니다. 각 문항에 대해 솔직하고 정확하게 응답하여 주십시오. 해당되는 번호에 ∨표 하세요.

No	내용	전혀 그렇지 않다	그렇지 않다	보통	그렇다	항상 그렇다
1	학습과제가 어려워도 쉽게 포기하지 않는다.	①	②	③	④	⑤
2	모르는 내용을 학습하는 것을 즐긴다.	①	②	③	④	⑤
3	노력해서 더 좋은 성적을 받을 수 있었다.	①	②	③	④	⑤
4	나는 다른 사람들만큼 일을 잘할 수가 있다.	①	②	③	④	⑤
5	교실을 떠나기 전에 해야 할 숙제와 숙제방법을 확인한다.	①	②	③	④	⑤
6	계획된 공부를 잘 미루지 않는다.	①	②	③	④	⑤
7	나에게 좋은 성적은 중요하다.	①	②	③	④	⑤
8	공부할 때는 정말로 열심히 한다.	①	②	③	④	⑤
9	공부하기 위해 매일 일정한 시간을 정해 놓는다.	①	②	③	④	⑤
10	일정한 공부계획표를 가지고 있다.	①	②	③	④	⑤
11	학습시간이 체계적이어서 시간이 낭비되지 않는다.	①	②	③	④	⑤
12	매일, 공부에 우선순위를 두고 행동한다.	①	②	③	④	⑤
13	하루 중 공부가 잘 되는 시간을 안다.	①	②	③	④	⑤
14	공부하기에 충분한 시간을 만들기 쉽다.	①	②	③	④	⑤
15	한 과목 공부에 너무 많은 시간을 보내서 다른 과목 공부에 지장을 받는 일은 없다.	①	②	③	④	⑤

16	공부할 때 전적으로 공부에 집중한다.	①	②	③	④	⑤
17	과제를 시작하기 전에 얼마나 오랫동안 할 것이고 언제 끝낼 것인가를 정한다.	①	②	③	④	⑤
18	공부할 때 집중할 수 있다.	①	②	③	④	⑤
19	공부하기 위해 대체로 조용한 장소를 찾는다.	①	②	③	④	⑤
20	공부 할 때 잘 졸지 않는다.	①	②	③	④	⑤
21	공부하고 싶지 않아도 공부한다.	①	②	③	④	⑤
22	공상이 공부에 방해되는 일은 별로 없다.	①	②	③	④	⑤
23	정말 싫어서 흥미를 갖기 곤란한 과목은 없다.	①	②	③	④	⑤
24	매주 각 과목을 복습하기 위한 시간을 정해 놓는다.	①	②	③	④	⑤
25	한 과목을 공부할 때마나 얼마간의 복습시간을 정한다.	①	②	③	④	⑤
26	적어도 시험 전에는 노트를 복습한다.	①	②	③	④	⑤
27	공부한 내용에 대해 많이 기억할 수 있다.	①	②	③	④	⑤
28	수업 중 설명을 주의 깊게 들어서 기억을 잘한다.					
29	공부내용을 읽기 전 주요 제목과 요약을 미리 검토한다.					
30	책을 읽기 전에 무엇을 배울 것인지를 정확히 알기 위해 제목을 질문으로 바꾸어 본다.					
31	교과서 한과를 전부 읽으면 참고서와 요점 정리를 읽기 전에도 내용 파악이 잘 된다.					
32	한 과를 다 읽기 전에도 과 끝에 있는 문제를 풀 수 있다.					
33	읽은 후 바로 그 부분을 복습할 시간을 갖는다.					
34	공부내용에 있는 도표, 그래프 그리고 목록표를 자주 검토한다.					
35	수업 받은 내용에 대해 잘 이야기 할 수 있다.					
36	교과서 소단락을 읽은 후 내용을 확인해서 기억할 것을 정리한다.					

학습습관 검사 결과해석

문항	요인	분석	처치
1-8번 문항 합계	학습에 대한 동기 및 적극적	32점 - 40점 : 잘함 24점 - 31점 : 양호 16점 - 23점 : 부족 8점 - 15점 : 매우부족	〈부족에 대한 원인〉 공부에 대한 관심과 노력의 부족/장래 목표 없음/자신감 없음 〈개선방향〉 내가 공부하는 이유가 무엇인지 생각해 보기/장래 목표 정하기(적성, 흥미 찾기)/달성 가능한 단기 목표 세우기
9-15번 문항 합계	학습에 대한 계획성 및 조직성	28점 - 35점 : 잘함 1점 - 27점 : 양호 14점 - 20점 : 부족 7점 - 13점 : 매우부족	〈부족에 대한 원인〉 학습계획 없이 공부함/계획한 것을 실천하지 못할 때가 많음/좋아하거나 잘하는 과목 위주로 공부함/공부 외의 활동이나 일이 많음 〈개선방향〉 학습계획표 수립, 실천하기/목표량 정해 공부하고 다하면 쉬기/공부가 잘되는 시간에 공부하기/여러 과목들 계획하여 공부하기
16-22번 문항 합계	학습 집중력	28점 - 35점 : 잘함 21점 - 27점 : 양호 14점 - 20점 : 부족 7점 - 13점 : 매우부족	〈부족에 대한 원인〉 음식을 먹거나 음악을 들으면서 공부함/공부방에 공부에 방해되는 것이 많음/가족, 친구로 인해 공부 중단이 자주 생김 〈개선방향〉 집중식 공부(음식, 음악 병행 금물)/공부방해물 제거(만화, 사진, 전화 등)/공부할 때 다른 사람의 출입 통제하기/조용한 시간에 공부하기/공부 시간 정해 두고 공부하기/ 한 장소에서 공부하기
23-29번 문항 합계	기억을 잘하는 방법	28점 - 35점 : 잘함 21점 - 27점 : 양호 14점 - 20점 : 부족 7점 - 13점 : 매우부족	〈부족에 대한 원인〉 기억력에 대한 자신감의 부족/수업 중 중요부분 체크 누락/수업 내용을 잘 듣지 않음/ 노트 필기, 메모 기술의 부족/암기요령 부족 〈개선방향〉 수업 집중하기, 중요부분 표시하기/요점정리하고 써보기/중요한 것 반복 암기/체계적인 노트 기록 방법 익히기/꾸준히 하기
30-36번 문항 합계	학습 전략 (핵심 파악 /요약)	28점 - 35점 : 잘함 21점 - 27점 : 양호 14점 - 20점 : 부족 7점 - 13점 : 매우부족	〈부족에 대한 원인〉 수업 집중력 부족/잡념, 안이한 생각/핵심파악 · 요점정리 훈련부족 〈개선방향〉 수업 전 수업내용 훑어보기/쉬운 글 많이 읽고 내용 말해보기/질문거리 만들기/ 요점정리 훈련하기/ 복습 철저/과제 철저히 하기
전 체	**전체점수(103점 이하)가 낮게 나온 학생은 성적이나 지능수준에 상관없이 효율적으로 공부하지 못하고 있다는 뜻이므로 부족한 부분을 찾고 부족한 부분들을 우선적으로 개선시키지 위한 노력을 기울여야 한다.**		

#6

변화와 성장이 없는 학습은 '학습'이 아니다

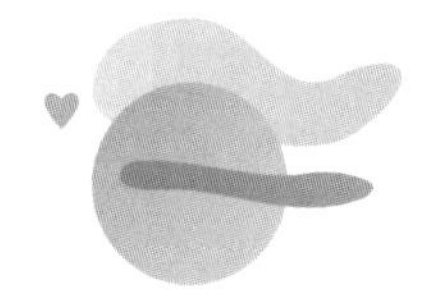

학습에 있어서 변화를 말할 때, 가장 많이 거론되는 것은 입시 변화다. 거기에 팬데믹이나 자연재해, 전쟁과 환경문제 등으로 인한 학습환경의 변화도 무시하지 못한다. 수많은 입시제도의 변화로 매년 사교육 현장에서는 '입시에서 실패하지 않는 방법'을 서로 연구해 발표하느라 경쟁이다. 입시제도는 지속적으로 변해왔다. 여기에 맞추어 가느라 부모님들도 교사들도 분주하고 정신을 잃을 정도다. 하지만 누가 가장 힘들까? 굳이 강조하지 않아도 바로 우리 아이들이다.

학습에 대한 불안을 떨치고 동기를 부여받아 학습에 재미를 붙여 열중만 해도 아깝고 부족한 시간이다. 학습을 하며 나의 마음과 정신 그리고 생각과 행동에 변화를 느끼며 살아도 시간이 터무니없이 부족하다는 말이다. 자연의 생태계를 살펴보고 지역의 산업현장을 돌아보고, 또 연구소 등을 방문하여 어떤 업무를 하는지 살펴보면서 직업인들의 삶 자체를 견학 정도가 아닌 실제로 체험하면서 배워도 모자라지 않은가? 고등학교를 졸업해서 성인이 되어도 자신이 살고 있는 지역의 주민센터에서 자신의 등본 한 통을 발급받는 것도 어려워하는 학생이 많다.

초등학교부터 고등학교까지 12년을 공부했지만 당장 사회에 나가면 모든 직무와 관련된 일을 다시 배워야 한다. 심지어 대학교를 졸업해도 자격증 취득을 위한 시험을 위해 다시 공부해야 하고 공기업 등에 지원하려고 NCS(국가직무능력표준) 관련 공부를 또 해야 한다. 더구나 한국의 유수한 기업들이 AI역량검사를 도입하는 중이다. 그러니 새로운 취업 전략이 필요한 셈이다.

대통령 선거로 국가의 새로운 정부가 발돋움하면 교육제도의 변화는 또 시작된다. 그때마다 입시제도의 변화에 초점을 맞추기 마련이다. 하지만 이제 MZ세대는 AI 시대와 코로나19 시대와 맞물려 온라인 학습을 많이 경험하고 있는 상황이다. 그래서인지 지금의 우리 아이들은 제도와 환경의 변화를 넘어선 본질적인 변화, 즉 건강한 자아상과 함께 세계 시민으로서의 변화가 더욱 절실하다.

인성적인 부분을 강화한, 인간다운 삶을 영위하기 위한 시민 교육으로서의 변화가 요구된다. 특히 2014년 12월 국회를 통과한 인성교육진흥법[11)]은 건전하고 올바른 인성을 갖춘 시민 육성을 목적으로 한 법이다. 이것은 인성교육을 의무로 규정한 세계 최초의 법이기도 하다. 이 법에 명시된 인성교육의 정의는 '자신의 내면을 바르고 건전하게 가꾸며 타인, 공동체, 자연과 더불어 사는 데 필요한 인간다운 성품과 역량을 기르는 것을 목적으로 하는 교육'이다.

학습은 인간을 인간답게 세워가는 것을 목적으로 하여 한 인간으로서 존중받고 가족과 타인을 존중할 뿐만 아니라 글로벌 세계는 물론 우리가 살고 있는 자연도 존중하는 변화를 도모하기 위한 학습이어야 현실감이 충분할 것이다.

그래서 인성과 실력을 겸비하기 위해 변화에 잘 적응하고 글로벌 인재로 성장할 수 있는 학습이 체계화되어야 하겠다.

---

11) 2014년 12월 국회를 통과해 2015년 7월 21일부터 시행된 이 법은 대한민국헌법에 따른 인간으로서의 존엄과 가치를 보장하고, 교육기본법에 따른 교육이념을 바탕으로 건전하고 올바른 인성(人性)을 갖춘 국민을 육성하여 국가 사회의 발전에 이바지함을 목적으로 한다.

#7

아이들에겐 재미도 없고 의미도 없는 공부

학습(學習, learning)의 교육학 사전적인 정의는 '연습이나 경험의 결과 일어나는 행동의 지속적인 변화'이다. 그래서 학습이란 행동의 변화이며, 순수심리학적인 견해는 진보적 또는 퇴보적인 행동의 변화를 모두 학습으로 간주하나, 교육적인 견해로는 바람직한, 진보적인 행동의 변화만을 학습으로 간주하고 있다.[12)]

평소에 존경하는 교수님은 독일에서 교육학을 수학하셨는데 학습의 정의를 내리시면서 "변화가 없는 학습은 결코 학습이 아

12) 《교육학용어사전》, 1995. 6. 29., 서울대학교 교육연구소)

니다!"라고 선언하시며 강의를 이어가는 것을 들은 적이 있다. 앞 장에서 언급한 '변화'라는 말은 나 역시 '성장'과 '성숙'이라는 단어와 함께 자주 사용하는 단어다. 사실 '변화'가 없으면 '성장'이나 '성숙'은 어울리지도 않지만 결코 일어날 수 없는 현상이기 때문이다.

여기서의 '변화'라는 말의 의미는 예술계통이나 건축계통 등에서 쓰이는 말이 아니다. 그렇다고 물리학적인 언어도 아닌 그야말로 위에서 열거한 '성장과 성숙'이라는 단어와 가장 밀접하다고 해야 하겠다.

《교육심리학 용어사전》에서도 살펴보면 '학습목표(學習目標, instructional objectives)'[13]는 교사와 학생이 일련의 교수-학습 과정을 통해 학습자가 도달할 것으로 기대된 학습자의 인지적, 행동적, 정의적 결과를 의미한다고 정의하고 있다. 여기에 상담학적인 의미까지 보면, '변화란, 상담의 궁극적 목표로서, 내담자가 바람직하게 바뀌는 것'이라고 하여 '변화'라는 개념은 교육학적인 의미와 함께 전달되어야 주장하는 내용과 더 가까운 것이다. 그러므로 학습의 궁극적인 목표는 학습을 통하여 변화, 즉 인간의 정신과 행동의 변화를 가져와야 한다는 말로 정의할 수

13) 《교육심리학 용어사전》, 2000. 1. 10., 한국교육심리학회)

있다.

그러면 학습을 제대로 하면 정말 우리의 아이들은 변화하는 것인가?

우선적으로 거론할 것은 내가 공교육 현장에서 초등학생부터 고등학생, 심지어 대학생들까지 만나 대화하고 상담과 코칭까지 하면서 들은 대답은 '학습'의 주도권이 가르치는 이들에게 주어져 있고 또한 대부분 교육과정에 얽매여 있기에 흥미를 느껴서 하기보다는 해야 하니까 한다는 점이다. 바꿔 말하면 필요를 느끼고 하는 것이 아니라 의무적인 자세로, 주입식으로 배워야 하니까 한다는 말이다. 그러니 당연히 재미는 없다. 설사 재미를 느낀다면 교수법에 탁월한 교사나 강사와의 지식과 감성적인 소통을 통하여 동기를 부여받아서 학습을 하는 경우에는 그 전달력에 감흥해서 감동을 받아 학습하는 경우다. 이것은 '자신의 삶의 궁극적인 변화'와 '진로(인생 전체에 대한 행보나 항로)'보다는 즉흥적으로 느끼는 흥미를 통하여 학습에 일시적으로 매진하는 경우를 말한다. 이러한 경험 때문에 학습에 재미를 붙인 학습자는 그나마 상당한 시간 동안 좋은 결과를 얻기도 한다. 하지만 대부분의 학습자인 우리의 아이들은 "학습은 지루해요!", "공부를 누가 만들었어요?", "정말 공부하기 싫어요!"라고 말한다.

그렇다면 여기서 학습이 '변화'를 동반하는 것을 전제로 한다고 볼 때, 결국 학습하는 인간은 인지적, 행동적, 정의적인 결과라고 할 수 있는 '삶 자체의 변화'를 추구한다는 의미인데 그런 학습을 하게 된다면 우리 아이들은 과연 어떤 반응을 보일까?

예컨대, 한국사 강사로서 저명할 뿐만 아니라 월등한 입담과 지식으로 한국사의 내용을 알기 쉽고 재미있게 가르치는 분이 있다. 내가 만났던 아이들 10명 중의 2명꼴은 이분의 강의 때문에 한국사에 관심을 가졌고 심지어 한국사가 너무 재미있어서 자신도 한국사를 전공하고 싶다고 했다. 심지어 그 강의를 통해 우리나라의 역사를 알게 되고 애국심까지 생겼다고 한다.

학습자로서 우리의 아이들이 한국사를 공부했는데 '역사의식'은 아니라고 할지라도 우리나라에 대한 관심조차 생기지 않는다면 도대체 무엇을 공부한 것일까?

문제만을 맞추기 위하여 역사적인 인물, 사건이나 연도만 암기하고 있다면 이 자체는 정말 아무런 의미도 없고, 재미도 없을 것이다. 진심으로 한국사를 배웠다면 그러한 수업 내용을 바탕으로 우리나라를 다시금 되돌아볼 수 있는 마음 그리고 학습에 대한 내재적인 동기만이라도 생겨야 할 텐데 말이다.

학습이 기본적으로 습득이 되어야 기본적인 진로 인식이 생긴다. 기초 학력에 문제가 있는 아이들은 일단 진로에 대해 무관심하여 그냥 돈만 많이 벌고 싶다고들 한다. 이런 상황이다 보니 자신의 무동기, 무기력을 합리화하기 위해 "학교가 싫어요!"라고 표현하는 것이다. 그렇지만 개인 상담이나 코칭을 할 때 상담사로서 진지하게 "만약에 선생님이 너를 도와서 정말 학습이 재미있고 많이 알게 되어 성적까지 오른다면, 너는 어떤 진로를 선택하고 싶니?"라는 질문에 대부분의 아이들은 "그렇게만 된다면 정말 좋겠어요!", "저도 정말 공부는 잘하고 싶거든요"라고 대답을 해주는 아이들이 참 많았다.

이것이 원인이었을까? "너는 무엇을 하고 싶니? 오늘이든 미래든?"이라고 아이들에게 물어보면 대다수의 아이들이 늘 같은 답을 했다.

"하고 싶은 것? 모르겠는데요."

책의 첫 장부터 지금까지를 정리해보면 사춘기 청소년을 포함하여 모든 인간은 자기 자신을 자세히 들여다보는 '알아차림'의 사건을 경험할 필요가 있다는 것이다. 교육과 상담, 코칭 등 아무리 좋은 프로그램에 참여해도 전혀 와닿지 않을 때가 있는데, 그 이유는 단 하나다. 내가 나를 발견하지 못하고 살고 있기 때문이다. 이해하고 깨달았지만 정작 자신을 알아차리지 못했다면 다음 장을 확인하면 좋겠다.

#8

알아차림의 사건

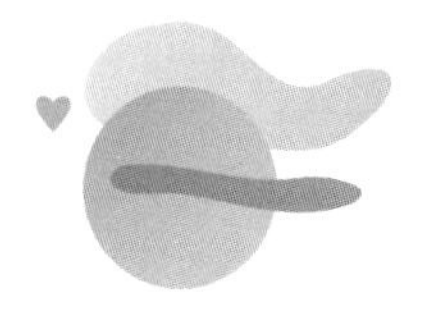

내가 나를 유심히 살펴보면 우울 성향과 함께 열등감이 심했던 것으로 보인다. 지금 돌이켜보면 애착장애의 원인도 있고 아동기와 사춘기 시기의 학대당한 것에 대한 원인도 있겠지만 부모님의 다툼과 부재 그리고 방치된 모습으로 혼자서 해결해야 하는 일들이 참 많았다. 그래서인지 나는 혼자서 지내는 것이 편했다. 그러나 나의 본성은 그렇지 않다.

부모와 떨어져서 외조모와 친조모, 즉 두 분의 할머니댁에서 자랐던 기억이 가장 좋았다. 할머니들은 손자인 내게 무한한 사랑을 주셨던 분들이다. 두 분 중에서도 특히 친할머니가 그랬다.

첫 손자이기도 하지만 부모의 사랑을 받지 못하고 자신에게 맡겨진 손자를 가엽게도 여기셨다. 사실 친할머니가 더 가여운 분이시다. 자신의 아픈 몸을 돌아볼 겨를도 없이 집안 살림과 경제적인 활동을 도맡아서 하셨다. 할아버지와 두 명의 삼촌, 한 명의 고모, 그리고 나까지……. 큰아버지와 작은 아버지 그리고 우리 아버지를 출가시켰어도 키워야 할 남매가 셋인 데다가 아무런 도움(?)이 되지 않는 할아버지가 할머니껜 큰 짐일 수밖에 없었다. 날마다 어두운 밤이면 술에 취해 고성을 지르며 집 안으로 등장하는 할아버지는 마치 나의 아버지와 같았다. 따지고 보면 나의 아버지가 할아버지를 닮은 것이니 당연했다.

친할머니는 손자인 '나'에게 항상 '동현아'가 아니라 '현아야!'라고 부르셨다. 자그마한 키에 동그란 얼굴, 동그란 눈, 동그란 입술이 기억난다.

"현아야, 밥 먹어라!"

이 말이 내가 가장 많이 들었던 말이다. 밖에서 동네 친구들과 놀다가도 쩌렁쩌렁한 할머니의 목소리는 우리 동네에서 가장 먼저 그리고 가장 크게 들렸다.

"현아야, 밥 먹어라!"

이렇게 소리를 지르시는 이유가 학교만 다녀오면 나는 집에 있지 않았기 때문이다. 가방을 마루에 던져두고 동네 친구들과

형들 그리고 동생들과 놀기 바빴다. 딱지와 팽이, 구슬치기와 연날리기, 자치기, 라면땅, 오징어 게임 등 그 당시에 놀이라고 하는 놀이는 다 했다. 동네 친구들과도 잘 지내서 어떨 땐 동네 형 집에서, 또 어떨 땐 동네에서 친한 동생네에서 잠들기도 했다.

"현아야, 밥 먹어라! 어디 갔노?"

할머니는 저녁때가 되면 나를 찾느라 온 동네를 돌아다니셔야 했다. 그리고 나를 찾으시면 이내 엉덩이를 두들기시며(할머니는 야단친다고 하시는 행동) 손을 잡아 이끌고 집으로 데려가셨다.

친할머니의 사랑을 받고 살았던 초등학교[14)]시절의 나는 내가 우울 성향이나 내성적인 아이가 아닌 상당히 사교성이 뛰어나고 행동지향적인 아이임을 알게 되었다. 상당히 재빠르고 진취적이었다. 그러나 부모 중에 한 분이라도 다시 찾아오거나 잠시 같이 살 때는 다시 '내성적이고 착한(?) 나'로 변해 있었다.

나에게 부모님은 존경의 대상이 아닌 두려움의 대상이었기에 그 대상들이 내 앞에 나타나기만 하면 '우물쭈물'하거나 '더듬거리는' 아이가 되고 말았다. 잘하던 말도 아버지 앞에서는 더듬거렸다. 언어적인 표현을 잘 못해서 맞은 기억도 많다.

---

14) 그때는 '국민학교'였다. 일본강점기에 1941년 '황국신민의 학교'라는 의미인 '국민학교'라는 용어를 광복 이후에도 계속 사용해 오다가 1996년 명칭을 '초등학교'로 변경했다.

학창시절에 교련을 담당하신 선생님은 상당히 무서웠다. 마치 학교에 아버지가 한 분 더 계시는 것처럼 위협적(?)이셨다. 그분이 내게 질문만 하시면 나는 이내 더듬거렸다. 그런 나 때문에 또 아버지와 어머니는 '나의 성격'이 문제라며 다투셨다. 그렇게 우리집은 전쟁의 공포가 끊이질 않았다. 그런 가정이 두려웠기에 집을 벗어나고 싶어서 뛰쳐나온 적도 있었다.

그런데 그럴 필요가 없어진 날이 왔다. 그날은 '큰아버지와 함께 일군 아버지의 잘나가던(?) 사업체가 망한 날'이다. 아버지는 부도를 막기 위해 분주했고 어머니와 나 그리고 12살 아래인 여동생 셋은 함께 채권자들을 피해 야반도주를 해야 했다. 부산에서 서울시 도봉구 미아동 달동네까지 말이다.

학교엔 바로 전날 자퇴서를 냈다. 괜찮았다. 지금 생각해보면 내가 다니던 학교가 전국에서 꽤 훌륭한 학교였기에 자퇴서를 낸 것이 가장 속상해야 할 시기였다. 심지어 그 당시에는 자퇴생에 대한 사회적인 인식이나 시각이 마냥 좋지만은 않았다. 하지만 그 자퇴서는 채권자들이 내가 전학하면 추적해서 따라올 것이라며 아버지가 직접 작성하여 제출했다.

하지만, 정말 괜찮았다. 그날 내게 중요한 것은 '좋은 대학이나 화려한 진로, 엄청난 성공' 등이 아니었다. 오직 '탈출'이었다. 그냥 무작정 도망치고 싶은 곳, 스스로 죽기를 수없이 결심한 곳, 그곳으로부터의 '탈출'이었다. 그러다 아버지의 일과 집안이 완전히 망한 날이 온 것이다. 나에게는 그날이 그렇게 슬프거나 괴로운 날이 아니었다. 오히려 내 마음속에서는 요상한 말이 들려왔다.

'잘 됐다. 잘난 척만 하더니…….'

그런 속마음으로 서울 미아동에서 신길동까지 학원을 다니면서 10대의 후반을 살았다. 일의 실패를 핑계 삼아 가족을 버린 아버지가 밉지도 않았다. 그때부터 나는 철저히 혼자였다. 가족과 친밀해지고 싶은 생각이 없었다. 정말 편했다. 혼자가 편했다.

혼자가 된 나는 원래의 내 모습을 찾는 여행을 시작했다. 음악을 좋아해서 DJ를 따라다녔고, 배우면서 또 활동도 했으며 아버지가 그토록 싫어하시던 공부는 무관심하고 일탈만 즐기는 친구들을 사귀기 시작했다. 나의 일탈 행동은 끝이 없었다. 학창시절의 모범생은 사라지고, 권위자 앞에서의 더듬거리던 내 모습도 사라졌다. 부모의 도움, 아니 그 누구의 도움도 없이 살아야 했기에 닥치는 대로 일하면서 돈 벌고 삶의 스타일은 치열하고 분주했으며, 타인에게는 나 자신을 보호하기 위해 야비하고 인간쓰레기처럼 살았던 기억이 내 20대 초반의 모습이다.

그러한 모습을 보고 누가 교훈적인 말이라도 하면 즉각적으로 반응했다.

"네가 아냐? 우리 부모는 부모도 아니야!"

"내가 아버지를 만나면 지(너) 죽고, 내 죽고, 끝이다!"

"내가 내 부모만 아니었어도……."

이런 말과 행동으로 내 그릇된 행동을 합리화[15]했고 무조건 아버지라는 존재에 투사[16]했다. 물론 어머니에 대한 마음도 같았다. '부모'라는 존재 자체를 거부했고 부인했던 시기였다.

사람이 가족에 대한 애착이 사라지면 자기(自己)에 대한 애착도 점점 사라지는 것일까? 시간이 지나면서 나는 나를 '해코지'하기 시작했다. 과도한 중독[17]성으로 알코올, 니코틴, 약물 그리고 자살과 자해시도까지 하며 나는 나를 죽이고 있었다.

급기야 20대 초반, 희귀병에 걸려서 통합병원, 국립병원 등 숱한 병원을 돌면서 치료하고자 했으나 이름 모를 병에 43kg까지 체중이 빠지고 죽은 사람[18]처럼 살은 말라가고 시커멓게 변하

---

15) 합리화(Rationalization)란, 개인이 수용할 수 없는 다른 동기들을 무의식적으로 감추고 있는 상태에서, 특정 행동이나 태도를 정당화하기 위해 "합리적이고" 의식적인 설명을 사용하는 정신과정-'정신분석용어사전'

16) 투사(projection)란, 자신의 생각이나 욕구, 감정 등을 다른 사람의 것으로 지각하는 것. 접촉경계혼란을 일으키는 원인 중 하나로, 자신의 받아들일 수 없는 부정적인 생각, 느낌, 태도 등을 다른 사람에게 전가하는 것이다.-'상담학사전'

17) 애착장애가 있는 경우와 관련하여 권하는 책이다. '애착장애로서의 중독'-필립 플로레스 저, 김갑중, 박춘삼 역, NUN, 서울: 2010

18) 어머니의 말씀을 빌리자면 '죽은 송장' 같다고 하셨다.

고 있었다.

그토록 메마른 감성과 무자비한 성격을 가진 두 사람(부모)은 '병든 자식'을 걱정했는지 냉정하셨던 어머니는 갑작스럽게 나를 병원에 데려가고, 자신이 잘 아는 무속인을 찾아가 굿을 하고 성공밖에 모르는 아버지는 또 다른 가정을 꾸리고 다시 사업을 하시다가 내 소식을 접했는지 잘 낫는 약이라며 비싼 약을 보내왔다. 조금은 황당했고 또 조금은 부담스러웠다.

다시 아들의 세상에 나타난 아버지와 어머니의 유연하지 못하고 너무나 어색한 배려심에 소름이 돋았다. 이 모든 것이 이해가 되지 않았다. 사실 나는 이 당시에 상식에는 어긋난 나의 그릇된 행동으로 두 분을 엄청 괴롭게 만든 사건들이 있었다. 여전히 과격한 언어와 독한 성품은 사라지지 않으셨으나 무엇인지 이해가 안 되는 이분들의 '의아한 행동(아들을 챙기는)'은 생생하게 기억이 난다.

'내가 아파서일까?'

'죽을지도 몰라서일까?'

'미안해서일까?'

'아니면, 누군가에게 벌 받을 것 같아서일까?'

'사업이 망할까 봐?'

'내가 안 죽고 살아있으면 이때를 기억하고 복수할까 봐?'

별별 생각을 다 했던 기억이 떠오른다. 이때부터 나는 부모의 어색한 애착과 관심보다는 그것을 합리적으로 거부하기 위해 신의 애착(하나님의 사랑)을 선택했다.

'그래, 이건 부모가 아닌 하나님의 뜻이야!'

그렇게 생각하며 비정상적으로 종교에 몰입하고 있던 그때, 성직자와 상담사, 많은 나의 스승들[19]이 '용서'에 대해 가르쳐주셨고 머리로만 알던 내가 변화될 수 있는 사건이 발생했다.

바로 '알아차림[20]'의 사건이다. 여기서 '알아차림의 사건'은 게슈탈트나 상담학적인 용어를 알아서가 아니다. 많은 스승들의 가르침과 함께 '나'라는 사람의 개인적인 사건들을 통해 얻은 '확신에 찬 느낌'으로 표현할 수 있겠다.

그것은 나의 사고의 틀을 깨치면서 떠오른 '부모는 생명의 울타리다'라는 문장이었다. 이것이 나의 뇌리를 강하게 흔들어 놓았고 '부모'라는 존재를 '생명의 울타리'로 받아들이게 되었다.

'그래, 부모는 내게 이 땅에 존재하게끔 생명은 주셨잖아.'

---

19) 한 분이라고 할 수 없는 많은 스승들이다. 책과 강연 그리고 설교, 신학과 상담학 등을 통한 배움의 사건들이라 할 수 있겠다.

20) 알아차림(awareness)이란, 자신의 삶에서 현재 일어나고 있는 중요한 현상들을 방어하거나 피하지 않고 있는 그대로 지각하고 체험하는 행위로 자신의 단편적인 지식의 조각들을 선명한 통합체인 게슈탈트로 통찰하는 것을 뜻한다. 게슈탈트 치료에서 알아차림은 긍정적 성장과 개인적 통합을 하는 데 핵심 개념.-'상담학사전'

'이분들이 아니었다면 이 세상에 나라는 존재는 없었겠지.'

'내게 그래도 존재라는 것을 선물로 주신 분들이잖아!'

그 느낌은 점진적으로 내가 살아가는 삶에 대한 태도를 완벽한 것은 아니지만, 바르게 잡아주고 있었다. '어느 날 갑자기'가 아닌 지극히 점진적이었다. 마치 한 걸음, 한 걸음 그리고 느리게, 느리게 말이다.

'알아차림'의 사건을 경험하고 난 뒤에도 변하지 않은 '중독성'은 계속되었고 신학과 상담학을 배우고 강의와 상담을 하면서도 쉽사리 나아지는 것은 아니었다. 나의 그릇된 행동에 대한 책임을 져야 했고 오래된 중고자동차를 사용하기 위해 부품 하나를 교체하고 다시 시동을 걸고 운행하듯이 재생이 불가능하게만 느껴졌던 '중고요, 쓰레기'였던 나를 누군가가 다시 사용하려고 하는지는 몰라도 '재활용품'으로 다시 태어나는 제2의 인생이 시작되고 있었다.

지금도 여전히 재생되고 있다. '또 고치고 또 고치면, 사용은 가능할까?'라는 걱정도 되지만 고쳐져서 조금이라도 운행만 할 수 있다면 '제 기능'을 하고 폐차장에 가도 좋겠다.

이 사건을 통해 아버지를 대면하는 용기가 생겼고 증오하고 복수의 대상으로만 여겼던 예전의 내가 부끄러웠다. 그리고 어릴 적, 친할머니로부터 아버지의 과거사를 되새겨 보니 너무도 불쌍하게 자란 분이라는 것도 가슴으로 느끼게 되었다. 물론, 어머니의 삶도 말할 수 없이 '아팠던 기억'이 대부분이었음을 알게 되었다.

진심으로 '사랑한다'는 말을 자주 했었다. 지금도 전화든 문자든 끝인사는 항상 '사랑해요!'로 맺는다. 멋쩍게 여겨지지도 않고 이젠 제법 자연스럽다.

윗물이 맑아야 아랫물이 맑다는 말은 순수하게 '물'과 '자연'의 이치에 대한 말이다. 사람과 사람 사이에서는 위와 아래가 아니다. 수직적이지 않다. 수직적이라면 인간관계는 실패하기 마련이고 갑을관계만 존재한다. 적어도 가족은 더 그렇다. '수평적'이란 말이 순위가 같다는 뜻이 아니다. 오히려 '존중'의 의미가 가득하다. '사랑'하기에 더욱 가족은 서로 '존중'을 부여해야 참으로 친밀해진다.

부모도 부부도 자녀도 형제도 서로 '존중'해야 행복해지고 소통도 쉬워진다. 부모만 자녀를 걱정하는 것이 아니라, 자녀도 부모를 걱정하는 곳이 진짜 가정이다. 형제와 자매 그리고 남매도 '존중'하는 것을 배우면 '상하관계'를 굳이 강조하지 않아도 서로 보살펴주고 이해해주고 돕게 되는 것이다.

Part 04

코칭하다

URA(you aRe Ace) Coaching

#1

URA 코칭모델의 소개

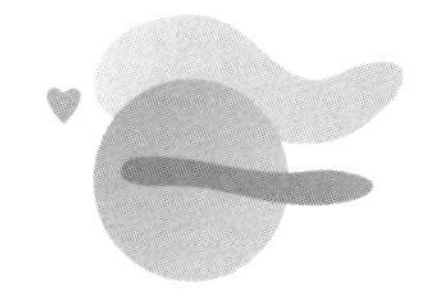

최근 MZ세대를 '포노사피엔스' 또는 '스몸비(smart-phone-zombi)'라 부른다. 스마트폰이 낯설지 않거나 이미 태어날 때부터(?) 함께 한 도구란다. '피식' 하고 어른들은 웃을 수 있겠으나 이들에겐 반려동물만큼이나 소중하고 특히 사춘기 청소년들에게 있어서 '폰'은 부모나 가족, 친구보다도 중요하다. 오죽하면 보이스 피싱을 일삼는 범죄자들도 초등학교나 중학교 교문 앞에서 '사과(apple)폰'을 이벤트 상품으로 내세워 부모들의 정보를 알아냈던 일이 있었겠는가. 폰을 준다면 부모의 정보도 판다는 말인가? 그게 아니라 그만큼 폰에 대한 애착이 크다는 말이다.

무생물이며 첨단 IT기술로 만들어진 기기에 불과한 이 폰이 사춘기 청소년들에게는 '소중한 존재'가 되었다. 부서지면 가족에게도 분노를 폭발하고 폰이 없어지면 불안, 초조, 우울한 감정이 몰려오고 하늘이 무너진 것처럼 고성을 지르는 아이들도 많다.

왜 그런 것일까? 모두가 답은 알고 있다. 폰은 MZ세대에게 유일한 소통의 공간을 마련해주는 존재다. 웃겨주고 감동도 주고 공감할 수 있는 내용을 공유하고 가족에게 못하는 이야기들을 하는 곳이다. 그렇다. 청소년들은 '삶의 존재'를 '포노사피엔스'로 살아가는 것으로 겨우 만족하고 있다.

이러한 상황에서 'URA코칭모델'은 특별히 아동과 청소년들을 코치이(Coachee)[21]로 만나거나 대할 때 유용한 모델이 될 것이다. 어른들이 요구하는 성과향상이나 역량강화 등 자기계발과 자아실현의 목적보다는 '소중한 존재로서의 긍정적 사고와 행동 변화'를 목적으로 한다.

'URA코칭모델'에서 가장 중요한 세션은 URA 자체다. 이 단어가 러시아어이긴 하지만 여기서의 URA는 "대한민국 만세

21) 일부 코치들은 '코치이(Coachee)'라는 말이 '코치(Coach)'라는 단어와 발음상 구분이 안되어 '피코치' 또는 '고객(Client)'으로 표현한다.

(Korea Ura)!"에서 따온 것이다. 이 말의 배경은 1909년 2월 김기룡, 조응순, 황병길 등 동지 11인과 손가락을 잘라 '단지동맹'을 결성한 뒤 같은 해 10월 26일 9시에 하얼빈역에서 안중근 의사가 이토 히로부미를 향해 총을 쏘아 3발 모두 명중시켰다. 그 때 러시아 헌병이 체포하려고 하자 하늘을 향해 '코레아 우라(Korea Ura)'를 크게 세 번 외쳤다.[22] 'Ura'라는 말은 우리말로 '만세(萬歲)'로 '바람이나 경축, 환호 따위를 나타내기 위해 두 손을 높이 들면서 외치는 소리'다.

나는 대한민국의 청소년들을 위해 "만세(URA)!"를 외치고 싶은 마음으로 코칭모델을 개발하게 되었다. 어린이와 청소년은 이미 '국가'다. 이들이 '나라'이고 다음 세대가 '국가의 미래이며 세상의 미래'다. 그래서 부모 세대로서의 우리 어른들은 성품적인 국가를 세우기 위해서라도 다음 세대에게 "만세(URA)!"를 외치며 존중하고 지지해야 할 것이다. 사실 코치는 대상이 누구든지 성품(性品)적이어야 한다는 생각이다. 특별히 청소년과 어린이들에겐 더욱 성품적인 면을 다하여 대해야 한다.

---

22) 목숨 걸고 외친 "코레아 우라!"…안중근 의사 순국109주기 추모 현장, 2019-03-26 15:27, 김봉규 기자https://www.hani.co.kr/arti/society/society_general/887447.html

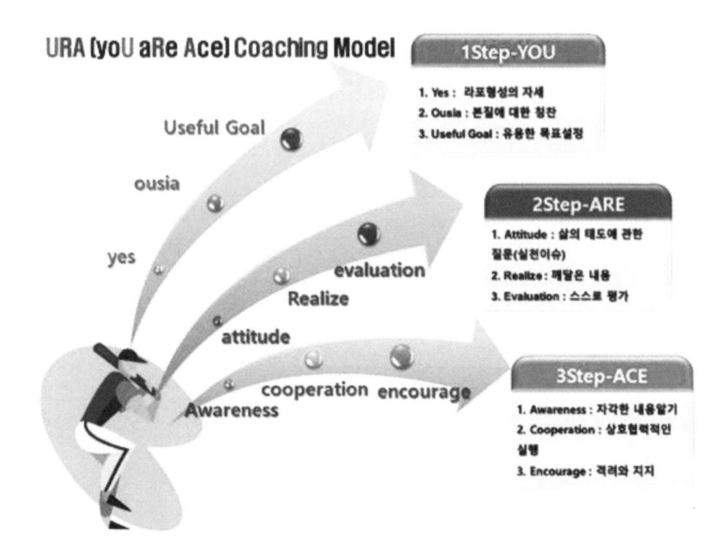

URA(yoU aRe Ace) Coaching Model by 곽동현. 2022. 9. 18.

고객이나 코치이가 현재 어떤 어려움에 있는지, 아무리 나이가 어린 청소년일지라도 그가 어떻게 그동안 애썼는지, 어떤 아픔이 있었는지, 또 어떤 기쁨이 있었는지, 그 기쁨이 그에게 어떤 가치가 있는지 등을 헤아리는 것이 'URA'이다!

그래서 'URA'는 청소년 코칭의 근간을 이루는 코치의 자질과 태도 및 철학의 기본이라고 할 수 있다.

#2

1-Step, U(YOU) 코칭기법 - 존재와 본질을 존중하다

이제 'URA코칭모델'에 들어가는 첫 관문이라고 할 수 있는 것이 'U(YOU)'이다. 'YOU'는 각각 그 철자가 또 다른 의미를 가진다.

먼저, Y는 'Yes'의 의미로 코치가 코치이와 첫 만남을 신뢰와 공감(라포, Rapport)으로 시작한다는 뜻이다. 라포 형성의 자세 또는 태도라고 할 수 있다.

코치가 청소년을 만난 첫 시간에 코치이를 세상에서 가장 긍정적이고도 수용적인 자세로 만나는 장면이다. 가능성의 존재, 희망의 존재, 미래의 시대를 이끌어 갈 존재로서 말이다.

코칭이 일어날 환경(장소, 분위기, 색채, 대접할 다과 등)도 준비되어야 하겠지만 가장 'Yes!'의 느낌이 일어나야 할 곳은 코치의 마음이자 표정이다. 몸짓도 격하게 환영하는 듯한 포즈를 취한다고 하겠지만, 격한 동작이 아닌 "Ura!"를 하기 전의 준비자세라고 생각하면 좋겠다. 그러니까 'Yes'는 언어적인 것과 더불어, 비언어적인 환영사다.

"왔니? 네가 ○○구나?!" (밝은 표정으로 코칭룸으로 안내하는 손짓을 한다.)

(준비해 놓은 코칭 공간을 가리키며) "안녕, ○○! 환영해. 오늘 너무 잘 왔어!"

"정말 기대하고 기다렸어, 반갑다 ○○야!" (환한 얼굴로 크게 반기듯이)

두 번째, O는 'Ousia'다. 이 말은 주로 그리스의 철학자 아리스토텔레스의 철학적인 용어라고 하지만 신학에서 substantia라는 말로 도입되어 '사물의 자립적인 본질'을 나타내는 개념으로 발전했다. 여기서 조금 더 깊이 설명하자면 성 아타나시오(296~373)는 성부(聖父)와 성자(聖子)의 동일 본질적 자립체라는 그리스도론을 수호하기 위해 homo(동일), ousios(본질)라는 용어를 썼고 그 후 신학은 'ousia라는 말을 persona(인격, 신격)'를 설명하는 말로 사용했다.[23] 어렵게 설명되었지만, 단언

하면 '실체(實體), 본체, 본질, 정수' 등이라는 말이다. 영어로는 'Essence, being'에 해당된다.

그러므로 코치는 코치이(고객)인 청소년을 대할 때, 그저 존재 자체로서 바라보아야 한다. 즉 'Doing'을 목적으로 하는 행위 중심, 결과 중심의 대상이 아닌 'Being', 즉 존재를 실체로 바라보자는 말이다. 아래는 실제 코칭 사례 중에 있는 내용이다.

코치: 오늘 선생님과 어떤 이야기를 해볼까?

학생: (코칭 받으러 온 것이 불만스러운 아이) 저는 엄마가 무슨 일이든지 못할 거라고 하세요! 영어도 못하고, 수학도 포기했고…… 성적이 안 좋아서 여기 온 거예요!

코치: 그래? 진짜? 엄마가 정말 우리 ○○를 싫어하셔서 그런 말을 하신

---

23) 네이버 지식백과와 가톨릭에 관한 모든 것(백민관)에서는 그의 스승 플라톤은 실체를 개체와 대조하며 여러 개체의 공통적인 것을 뜻했으며, 한 유개념(類概念)의 명사(名辭)가 표현하는 것 중에 더 높은 실재(實在) 영역을 표시할수록 그 실체는 영원불변한 독립 자존체(自存體)이며, 이것을 ousia, 즉 실체라고 했다. 이 실체를 한 개체가 모방해 따로 떨어져 나와 우리에게 나타난다고 했다. 아리스토텔레스는 이에 반대해 실체는 보편적인 자립체(自立體)로서 개체 안에 현실화한다고 했다. 가령 "이 나무"는 나무라는 보편성이 현실적으로 자립되어 있는 개체이다. 삼위일체 하나님의 본질을 표현하는 헬라어 '우시아(ousia)'라는 말과 삼위일체 하나님의 위격을 가리키는 '휘포타시스(hypotasis)' 등은 다른 언어로 번역하기 쉽지 않은, 고대 헬라인들의 사상체계가 고스란히 담긴 말이다

걸까? 그 말이 엄마의 진심이 맞을까? 평소에도 엄마가 그러셨어?

학생: 몰라요, 그냥 요즘 화가 많고 짜증을 많이 내니깐 걱정이 된다고 해서…….

코치: 맞아. 선생님한테도 엄마가 우리 아들이 요즘 너무 힘들어하는 것 같아서 걱정이 되고 마음이 아프시대. 그래서 널 데리고 오신 것 같아. 엄마는 세상에서 네가 너무 소중하대.

학생: 그냥 학교 다니는 게 너무 힘들고 엄마한테도 너무 화를 많이 내긴 했네요. 저 이런 거(성격) 고칠 수 있을까요?

코치: 그럼, 엄마도 널 소중하게 생각하지만, 선생님도 세상에서 가장 소중한 것은 자기 자신이라고 생각해! 너라는 사람은 너무 소중하단다.

학생: 사실, 저도 무엇이든지 잘하고 싶거든요.

이렇듯 존재 자체에 대한 칭찬은 성품과 행동을 변화시키기도 한다. 그러한 이유로 인해 먼저 행위에 관한 칭찬을 하는 것보다 평소에도 '존재, 즉 본질'에 대한 칭찬을 많이 해줘야 한다. 행동과 그에 따른 긍정적인 결과만을 칭찬한다면 아동과 청소년은 보상에 대한 기준이 더 높아지기 마련이다. 결국, 그 기준과 자신의 존재 사이에 틈이 커질 수밖에 없다. 그 틈(Gap)을 좁히기가 힘들어지면 청소년은 자신의 존재도 포기해버리는 극단적인 행동을 하는 경우도 있다.

U는 'Useful Goal'의 약자다. 일반적으로 'Useful'을 '유용한, 쓸모있는'이라고 해석하기 쉽지만 사실 영국에서는 '유능한, 훌륭한'으로도 해석한다. 'competent'와 유사하여 '만족할 만한'으로도 번역할 수 있다.

'GROW모델'에서 Goal은 이렇듯 코치와 고객이 합의한 유용하면서도 만족할 수 있는 '목표 설정'을 의미하는 것이다. 그래서 'URA코칭모델'은 그 목표 설정에 관하여 확실한 의미를 부여하기 위해 'Useful Goal'로 표현했다. 목표 합의가 애매하거나 만족할 만한 것이 아니면 코칭 세션은 무의미해진다. '분명하고 확실한 목표 설정'이 코칭 세션의 전부라고 해도 과언이 아닐 것이다.

다음은 실제로는 친했던 친구와의 관계가 나빠져서 학교가 가기 싫어진 학생과의 유용한 목표 합의에 대한 사례다. 여기서는 코치가 자기개방(자기노출)을 하면서 고객의 공감을 얻는 기법을 사용했다.

코치: 지금 이 시간에 우리가 어떤 것에 대해 이야기해보면 좋겠니?

학생: 그냥 제가 왜 학교를 다니는지 모르겠어요! 그냥 가기 싫어요!

코치: 아, 학교 다니는 것 자체가 무의미하다고 생각하는구나!

학생: 네, 그냥 싫어요! 집에서 검정고시나 준비하면 되지 않을까요?

코치: 선생님이 검정고시 출신이야. 그땐 어쩔 수 없는 가정 사정으로 고등학교 재학 중에 그렇게 했는데, 그 선택으로 같이 놀고 공부하고, 같이 돌아다니고 그러다 싸우기도 했던 친한 친구들과 멀어졌지. 지금은 연락도 안 되고…… 한 번씩 보고 싶네.

학생: 네? 선생님이 학교를? 힘들었어요?

코치: 그땐 학교가 싫었는데 지나 보니깐 그래도 끝까지 다닌다고 할걸 하면서 후회도 했지. 제일 후회한 것이 친구들과 인사도 안 하고 자퇴한 일이야.

학생: 아, 친구들과는 친했어요?

코치: 남자라는 존재들이 친할 때도 있고 싸울 때도 있고 그렇지. 근데 지금 생각해보면 싸우면서 더 친해졌던 것 같기도 해.

학생: 음….

코치: ○○야, 학교가 정말 싫어진 거니? 아니면 다른 이유라도 있는 거니?

학생: 아…… 사실, 친한 친구랑 다퉜는데 어떻게 다시 화해해야 할지 몰라서 다 싫어진 것 같아요.

코치: 진짜 학교를 그만두고 싶어진 게 아니라 친한 친구 때문이구나!

학생: 네, 선생님 근데 진짜 화해할 수 있을까요?

그러니까 이 사례의 고객인 학생의 경우, 처음에 말한 것은 진짜 코칭의 목표가 아닌 것을 알 수 있다. 코치는 예측하지 못했지만, 특별한 자기의 경험을 개방하면서 고객으로부터 공감을 얻어내어 만족할 만한 목표를 설정할 수 있었다. 하지만 이러한 사례는 특별한 경우이고, 다음과 같은 질문으로 유용하고 쓸모 있는 확실한 목표를 합의할 수 있다.

진심으로 오늘 저와 이야기하고 싶은 주제가 무엇일까요?

이 소중한 시간에 꼭 이루고 싶은 한 가지 목표는 무엇일까요?

무엇이 ○○님을 가장 신나게(가슴이 뛰게) 하나요?

오늘 저와 이야기하면서 무엇을 성취하고 싶나요?

해결하고 싶은 한 가지 중요한 주제는 무엇인가요?

그 목표가 진실인가요?

진짜 이 주제가 해결하고 싶은 한 가지입니까?

또 다른 것은 없나요?

이 목록 중에 제일 우선되는 한 가지는 무엇입니까?

진짜 하고 싶은 이야기를 한 문장으로 정리해서 표현한다면?

#3

2-Step, R(ARE) 코칭기법 - 과정을 소중히 평가하다

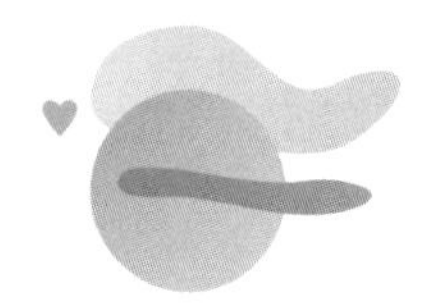

다음은 'URA코칭모델'의 두 번째 단계인 'R(ARE)'이다. 이 단계에서는 청소년 시기에 접한 고객의 삶에 대한 태도(Attitude)와 함께 순수한 자각(Awareness)은 아니더라도 현실적으로 깨달은(Realize) 것들을 실현화하는 과정에서 변화와 성장을 향해 코치의 질문으로 통해 고객이 평가(Evaluation)하는 단계다.

우선 Attitude는 마음의 모양, 사람의 행동에 대한 마음가짐을 표현한 단어다. 태도는 '사람의 마음가짐이기 때문에 변화할 수 있으며, 인간은 타인에 대해 생각하는 마음이 다르기에 태도가 사람마다 달라질 수 있다. 태도는 타인에 대한 마음가짐으로 보이는 모습이기 때문에 사람은 태도를 두루두루 잘 살펴보면 그 사람이 타인에 대해 가진 마음을 알 수 있다'고 한다.[24)]

그러므로 이 단계에서도 전 단계에서 언급했던 'Yes'와 'Ousia'의 계속 반영되는 것이 Attitude의 기법이다. 이러한 태도는 코칭 전반에 코치의 덕목인 동시에 기술인 셈이다. 고객에 대한 무한 긍정으로서의 태도라고 볼 수 있다.

여기에 적극적인 경청이나 맥락적인 경청 기술과 지지하고 칭찬하는 기술이 더해지는 것이다.

○○님께서 하시는 말씀을 듣고 있노라면 저도 많은 것을 깨닫게 됩니다.

○○님은 정말 그것이 가장 소중하고 중요하다는 생각이시네요.

또 한 번 그 주제에 대해서 말씀해주실 수 있을까요? 정말 탁월하십니다.

두 번째, Realize는 앞서 언급한 게슈탈트의 '알아차림(Awareness)'과는 확실히 구분된다. 여기서의 Realize는 한글로

---

24) '태도'라는 용어는 불어의 'attitude', 이탈리아어의 'attitudine'에서 유래한 것으로서, 라틴어의 'aptus'(적합성 또는 알맞음을 일컫는 말)에서 기원. 20세기 이르러 고든 올포트는 태도를 '개인이 외적 사물 및 상황에 대해 반응하는데 있어서 영향을 주는 정신적인 상태'로 개념화, 이는 경험을 통해 형성된다고 보았다(Gordon Allport,1935), 위키백과.

는 같은 의미지만 실제로는 '현실화하다, 실현하다, 현실적으로 깨닫다, 현실을 인식하다' 등의 의미다. 결론적으로 '현실적으로 깨달은 것은 무엇인가?'라는 질문을 해야 한다. 코칭 대화의 과정에서 '현실을 자각하는 것'은 상당히 중요한 부분이다. 현실을 제대로 분석하고 파악하는 것이 Realize이기 때문이다. 그러면 구체적인 실행계획을 세울 수가 있다.

메타인지를 기반으로 한 학습이나 행동과정인 '분석-계획-실행-평가-반영'의 단계에서도 Realize는 분석 단계에 해당된다. 현실적인 깨달음이 자신과 문제에 대한 분석에 해당되고 그에 따라 계획을 세울 때 실행력은 높아지게 된다. 즉 합의된 주제나 목표를 이룰 수 있는 구체적인 계획이 뚜렷이 보이도록 하는 것이 Realize이다.

여기까지 코칭 대화를 하면서 정말 그것이 문제라는 생각입니까?

진심으로 알게 되거나 깨달은 것은 무엇일까요?

혹시 현재 코칭 대화 중에 깨닫게 된 것은 무엇입니까?

이 단계에서의 마지막 E는 'Evaluation', 즉 평가의 단계이다. 코칭 대화를 평가하는 것이 아니라 코칭 프로세스(Coaching Process), 즉 코칭 대화의 과정 안에서 고객이 원하는 방향으로 진행되고 있는가를 진단하는 기술이다.

저명한 'Cambridge Dictionary'에 의하면 Evaluation의 구체적인 의미에 대하여 '어떤 것의 품질, 중요성, 양 또는 가치를 판단하거나 계산하는 과정'이라고 한다. 또한 '평가는 프로그램을 비판적으로 검토하는 과정이며 여기에는 프로그램의 활동, 특성 및 결과에 대한 정보를 수집하고 분석하는 작업이 포함된다고 한다. 그리하여 그 목적은 프로그램에 대한 판단을 내리고, 그 효과를 개선하고, 프로그래밍 결정을 알리는 것이라고 한다 (Patton, 1987).[25]

1-Step에서 유용한 주제 합의에 성공적이었다고 하더라도 2-Step에서 합리적인 과정 평가가 반드시 이루어지면 더욱 탁월한 코칭의 여정이 될 것이다.

선생님(또는 ○○님), 지금까지의 코칭 대화는 잘 진행되고 있나요?

잠깐 돌이켜보면 혹시나 수정해야 하거나 보완되어야 할 것들은 없을까요?

---

25) Evaluation is a process that critically examines a program. It involves collecting and analyzing information about a program's activities, characteristics, and outcomes. Its purpose is to make judgments about a program, to improve its effectiveness, and/or to inform programming decisions (Patton, 1987).

더 필요한 것은 어떤 것들이 있을까요?

지금까지의 대화는 얼마의 점수를 얻을 수 있을까요? (척도 질문)

계속 진행해도 될까요?

#4

3-Step, A(ACE) 코칭기법 - 자각과 용기를 북돋우다

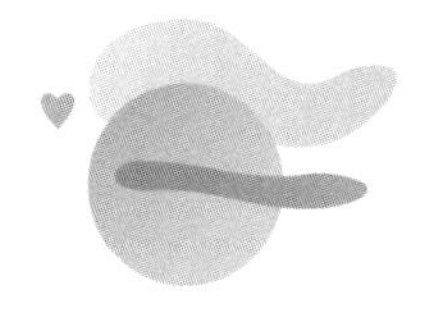

이제 마지막 단계로 'URA코칭모델'의 'A(ACE)'다. 코칭 대화의 클라이맥스로 실행력을 북돋우는 기술이다. 'A(ACE)'가 마무리가 잘 되면 정말 "만세(URA)!"를 부르게 될 것이다. 특히 A가 'ACE'이기 때문에 더욱 그렇다.

'A(ACE)'에는 큰 의미가 있다. 즉 코칭의 철학이 담겨 있다. 바로 '모든 사람은 무한한 가능성과 탁월함이 잠재되어 있다!'라는 패러다임이다. 그래서 코치는 고객을 만날 때마다 긍정적인 인간상을 가지고 고객에게 다가가고 응대하는 사람이다.

그렇기에 코치는 고객과 함께 고객의 문제나 해결방안을 찾아가는 파트너일 뿐이다.

'A(ACE)'에서 A는 바로 ICF[26]의 8가지 기술 중 하나인 '알아차림을 불러일으킨다'에 해당되는 'Awareness'다.

알아차림[27]이란? '지금 이 순간 깨어있는 상태에서 자신의 욕구, 감각, 감정, 생각, 행동, 환경 그리고 자신이 처한 상황 등을 있는 그대로 아는 것'이다.

게슈탈트 심리학(Gestalt psychology, 形態心理學)[28]에서는 개체가 자신의 유기체 욕구나 감정을 지각한 다음 게슈탈트로 형성하여 전경으로 떠올리는 행위라고 하며 자의식과 알아차림 구분하여 자의식은 개체가 두 부분으로 분열되어 관찰자와 피

---

26) 국제코칭연맹(ICF: International Coaching Federation)은 세계에서 가장 큰 코치들의 연합체중 하나입니다. ACC(Associate Certified Coach), PCC(Professional Certified Coach), MCC(Master Certified Coach)등의 국제코치자격증을 발급하고 있는 곳으로 1995년에 설립되어 역사와 전통이 가장 오래되었고 신뢰도가 가장 높은 코칭관련 기관입니다. 전세계 약 140여국에 지부가 있으며 우리나라에는 ICF Korea 챕터가 있습니다. ICF는 코칭윤리와 8가지 코칭핵심역량을 기반으로 국제적 수준의 전문코치와 코칭 프로그램의 질적 기준을 제시하고 있습니다.

27) 게슈탈트심리치료, 김정규, 학지사

28) 심리학의 한 학파이다. 인간의 정신을 부분이나 요소의 집합이 아니라 전 체성이나 구조에 중점을 두고 파악한다. 이 전체성을 가진 정리된 구조를 독일어로 게슈탈트(Gestalt)라고 부른다(위키백과). 게슈탈트 심리치료는 게슈탈트 심리학을 활용하였다. 1951년 독일의 Fritz Perls가 창안한 것으로 "전체", "형태" 등의 뜻을 지닌 "게슈탈트"라는 개념은 지각심리학에서 치료적인 영역으로 확장됨으로써, "개체가 자신의 욕구나 감정을 하 나의 의미있는 행동동기로 조직화하여 지각한 것"을 의미한다.

관찰자로 나누어지는(판단) 반면에 '알아차림'은 관찰자와 피관찰자 구분 없이 유기체 현실이 하나의 통합적인 현상이 된다(수용)고 했다.

이해를 돕기 위해 ICF에 의하면 '알아차림을 불러 일으키기 평가 기준'은 다음과 같다. 코치가 고객이 새로운 알아차림을 하고 앞으로 나가도록 강력하게 질문하는 것, 코치가 코칭하면서 일어나는 알아차림, 직감, 느낌, 감정, 생각, 의견 등을 집착 없이 나누는 것, 비유나 은유로 나누는 것, 그리고 간결하고 직접적이며 열린 질문을 한 번에 하나씩 하는 것 등을 확인하고 평가하는 데는 아래의 8가지 평가[29)]에 관한 기준이 있다.

(1) 코치는 고객의 현재 사고 방식, 느낌, 가치관, 필요, 욕구, 신념 또는 행동에 대한 질문을 한다.

(2) 코치는 고객이 자신의 현재 생각이나 느낌을 넘어 자신에 대해 생각하거나 느끼는 새롭거나 확장된 방식(누구)을 탐색할 수 있도록 질문을 한다.

(3) 코치는 고객이 자신의 현재 생각이나 느낌을 넘어 자신의 상황에 대한 새롭거나 확장된 사고방식이나 느낌(무엇)을 탐색할 수 있도록 질문을 한다.

---

29) ICF 글로벌 웹사이트 www.coachfederation.org 의 역량에서 찾아볼 수 있다.

(4) 코치는 고객이 원하는 결과를 향해 현재의 생각, 느낌 또는 행동을 넘어서 탐색할 수 있도록 질문한다.

(5) 코치는 관찰, 직감, 의견, 생각 또는 감정을 집착 없이 공유하고 음성 또는 음조의 변화를 통해 고객이 더 깊이 탐구할 수 있도록 한다.

(6) 코치는 고객이 생각, 느낌 또는 반영을 할 수 있는 속도로 한 번에 하나씩 명확하고 직접적이며 주로 개방형 질문을 한다.

(7) 코치는 일반적으로 명확하고 간결한 언어를 사용한다.

(8) 코치는 고객이 대화의 대부분을 말할 수 있도록 한다.

그것이 결국 ○○에 대해 무엇을 말하고 있나요?

정말로 원하는 것은 무엇인가요?

무엇이 ○○님에게 중요한가요?

그것이 진심으로 ○○님이 원하는 모습인가요?

잠깐만 다른 관점에서 생각을 해보았으면 하는데요. 가능한지요?

잠깐 그분의 입장에 들어가볼 수 있을까요?

가장 존경하는 분의 입장에서 ○○님을 보면 어떤 얘기를 해주실까요?

( )년 후에 원하는 것이 이루어졌습니다. 어떤 기분이신가요?

그때에 ○○이(가) 지금의 ○○에게 어떤 말을 해주고 싶나요?

잠깐 제가 느낀 점(알아차림, 생각, 감정, 아이디어)을 나누어도 될까요? ~

라고 느꼈(알아차림, 생각, 감정, 아이디어)어요. 어떤가요?

이제 'A(ACE)'에서 C는 실행력을 돕기 위한 상호협력적인 역할에 관한 코칭기술이다. C(Coorperation)는 그 의미대로 '하나의 일을 여러 부분으로 나눈 뒤, 각각의 담당한 당사자가 각 부분을 마치게 하는 것'을 말한다. 코칭세션에서는 '코치의 역할'과 '고객의 역할'을 담당한 것들을 서로 협력하여 합의된 주제를 이루어가는 것이라 말할 수 있다. 파트너십을 이루는 핵심적인 역량이며 기술이다. 실행력을 강화시키는 아주 강력한 기술이다.

그렇다면 언제부터 시작하실 생각인지요?

구체적으로 어떻게 해보실 생각인가요?

누구의 도움이 필요할까요?

저는 ○○님에게 어떤 도움이 될 수 있을지요?

그것을 해내고 있음을 제가 어떻게 알 수 있을까요?

그것을 이룬 것을 언제쯤 제가 알 수 있을까요?

필요한 것(정보, 도구, 절차 등)들이 있나요?

예상되는 걸림돌이 있나요? 어떻게 극복하시겠습니까?

실행하는 것을 누구에게 이야기하면 실행력이 배가될까요?

누구에게 알리면 도움이 될까요?

자신과의 진정한 통합(화해, 평화, 이해)을 축하드립니다.

이런 것을 알아차린 본인에게 축하의 말을 전한다면?

이제 'URA코칭모델'의 'A(ACE)'의 마지막 기술이다. 코칭세션, 즉 코칭 대화의 클라이맥스로 실행력을 북돋우는 기술임에 틀림없었던 'A(ACE)'의 'A(Awareness)'와 'C(Coorperation)'의 기술이 불을 지폈다면 9가지 기술 중의 마지막은 고객과 코치가 함께 "만세(URA)!"를 부르는 단계이다. 앞서 'URA코칭모델'을 소개하면서 본 모델을 개발하면서 근간을 둔 것이 '사춘기 청소년 코칭'이라고 말한 적이 있다. 그리고 "URA!"라는 그 의미 자체가 코치의 자질과 태도 및 철학의 기본이라고 했다. 그래서 가장 마지막 기술이 'E(Encourege)'이다. '자각과 용기를 북돋우다'라고 선언할 때, 그것을 이루도록 지지하고 함께 만세를 부르겠다는 '용기를 주는' 코치의 자세이다. 진심으로 코칭 세션에서 고객과 함께 춤을 추는 것이고 열정적으로 '사춘기 청소년이든 실의에 빠졌거나 실패를 경험한 이, 아니면 다시 도전하는 이들'에게 또 한 번 '용기와 찬사를 보내며 에너지를 주는 기술'이다.

○○님, 오늘 대화를 하면서 저 또한 많은 것을 느꼈(행복, 기대 등)어요!

○○님의 결단과 도전을 정말 많이 지지합니다.

○○님, 격하게 용기를 드리고 싶습니다. 팍팍!!

다음 회기까지 ○○님의 일주일에 굉장한 에너지를 드리겠습니다.

○○님이 용기를 낼 수 있도록 저도 기도하겠습니다.

○○님의 삶 가운데 ○○님의 용기로 인해 기적이 일어나길 바랍니다.

이상으로 현장에서 청소년들과 교육, 상담, 코칭 등을 하면서 고안한 'URA (yoU aRe Ace) 코칭모델'을 간략하게 소개했다. 앞으로 모든 교재에 이 모델을 구체적으로 녹여서 활용하고자 하는 마음이다.

부록

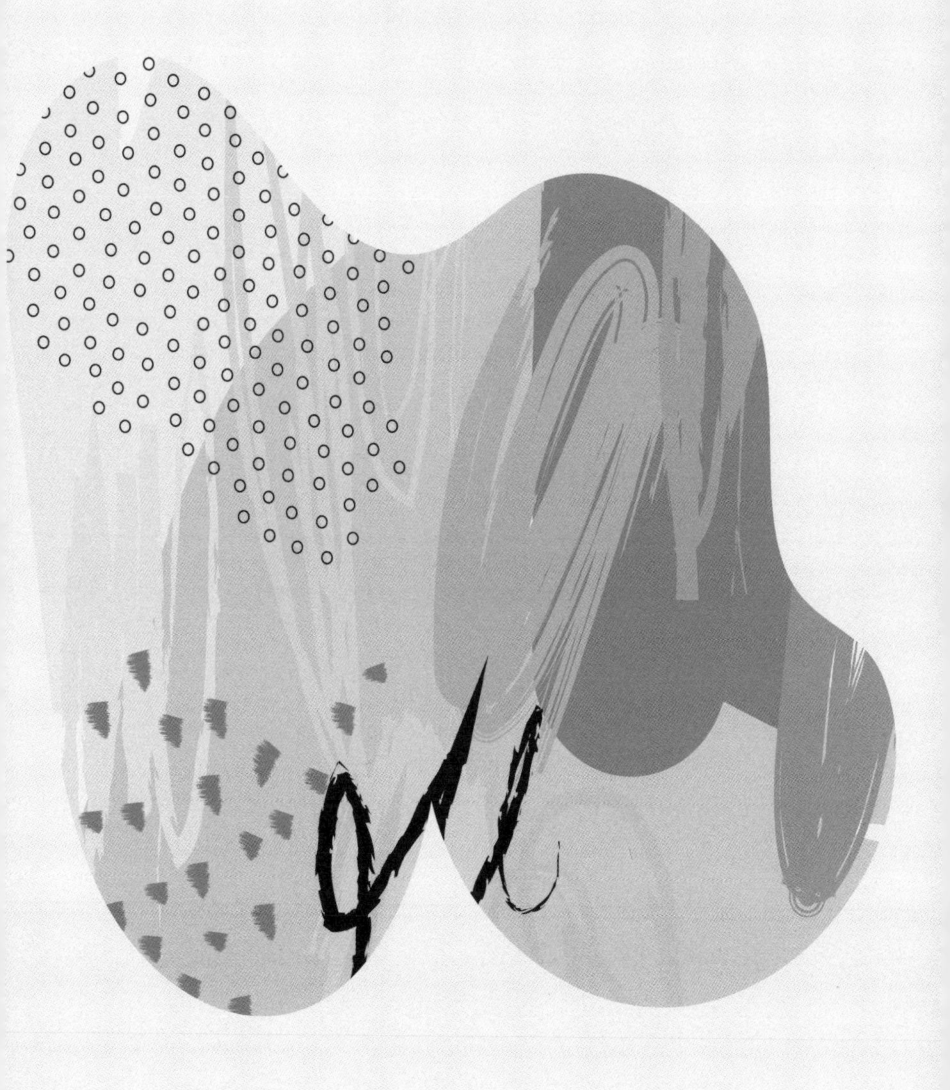

#1

아이의 학습을 행복하게 하는 5가지 키워드

아이들은 학습을 통해서 '실력'이라는 것을 기르게 되는데, 실력을 키워주는 학습이 진행되는 곳이 바로 학교다. 학교에서는 아이들이 학습을 잘할 수 있고 그것을 바탕으로 사회에 나가 자신의 역할을 해낼 수 있도록 하는 것이 목표가 되어야 할 것이다. 결국 아이들의 감정이 긍정적이고 자아상이 건강해지고 진로를 발견하는 과정에서 '내가 어떤 직업을 가져야 할지, 어떤 대학의 어떤 공부를 목표로 할지'를 정하고 나면 가장 필요한 것이 바로 '학습'이다. 이때 아이들은 내적 동기가 일어나고 내면의 동기에 의해 자원하는 마음으로 공부하게 만드는 것이 학습

코칭의 목적이다.

이러한 아이들의 학습이 행복해지기 위해서는 옆에서 그것을 코칭해주는 사람의 역할도 아주 중요한데 학습 코치로서 필요한 5가지 키워드에 관해 설명한다.

첫 번째는 관심과 열정이다. 교재에 나와 있는 방법에만 의존하기보다는 '어떻게 하면 아이가 더 잘 받아들일 수 있을까'에 대한 효과적인 전달법을 연구할 필요가 있다. 또 그렇게 열정적으로 연구를 하다 보면 코치 스스로가 자신의 지도 방법에 대해 신념과 자신감을 가지게 된다. '이게 되겠어? 내가 뭘 잘못했나?'처럼 부정적인 시각이나 자신감이 없는 방법으로 코칭하면 상대 아이도 그 부분을 믿지 못하거나 신뢰를 갖지 못할 수 있다. 신념과 자신감을 가지고 학생을 대해야 아이들도 '정말 나에게 열정적으로 대해주시는구나' 하고 느끼고 더 열심히 참여하려는 능동적인 태도로 변화한다.

그리고 말만 앞서기보다는 먼저 실천하는 모습을 보여야 한다. 계획을 세우고 플래너를 적는 법, 평소 학습이나 독서하는 습관을 보여주는 것 등이 아이들에게 큰 동기부여가 되기도 한다.

두 번째는 칭찬과 격려다. 칭찬은 너무 남발하지 않되 마음의 변화와 의욕을 일으키는 칭찬을 하는 것이 중요하다. "오, 다 맞았네. 너 진짜 최고다!"보다는 "정말 꼼꼼하게 잘 따져보고 풀었구나!"처럼 구체적이고 다음에도 그렇게 하고 싶다는 마음의 변화를 불러일으키는 칭찬을 해야 한다. 그리고 피그말리온 효과를 기억하며 학생의 잠재 가능성을 이끌어낼 수 있어야 한다. 피그말리온 효과는 로젠타 효과, 자성적 예언이라고도 하는데, 그리스 신화에 나오는 조각가 피그말리온이 아름다운 여인상을 조각해놓고 그 여인상을 진심으로 사랑하게 되자 아프로디테가 그 조각상에게 생명을 불어넣어 줬다는 이야기에서 나온 용어다.

코치는 아이에게 스스로 잠재 가능성을 끌어낼 수 있도록 이 피그말리온 효과에 대해 설명해주면서 자성적 예언의 언어로 '정말 너 자신을 사랑하고 너의 잠재 가능성을 인정하면 너도 그렇게 될 수 있다'는 믿음을 주는 것이 중요하다.

세 번째는 이 모든 과정을 반드시 대화를 통해 진행해야 한다. 학습코칭은 교재나 교과서를 펼쳐놓고 수업을 하며 가르치는 것이 아니라 스스로 공부할 수 있는 동기를 부여하는 역할을 하므로 마치 유대인 교육처럼 질문과 대화를 통해 학생의 입장을 이해해 나가는 과정이 필요하다. 항상 애정과 사랑이 담긴 대화를 주고받으며, 답을 알려주기보다는 질문을 통해 아이가 주도적으로 이야기를 해나갈 수 있도록 도와주는 자세가 요구된다.

#2

아이의 즐거운 공부를 위한 9가지 학습 전략

아이들에게 공부가 재미도 없고 의미도 없는 것이 되지 않으려면 도움을 주는 코치로서 전략적인 접근이 필요하다. 학습 과정과 흐름에 따라 모두 9가지의 전략이 있는데 여기에서 상세하게 풀어본다.

학습 동기 촉진 전략

아이들은 학습 동기가 제대로 세워져야 비로소 학습에 임하게 되는데, 첫 번째로는 공부를 해야 하는 이유에 대해서 스스로 깨치도록 유도하는 질문이 필요하다. '학교를 왜 다녀야 하는지, 공부는 왜 해야 하는지'를 질문하고 아이가 대답할 수 있도록 유도한다. 초등학교, 중학교, 고등학교, 대학을 어떤 목적을 달성하기 위해서 가는지를 알 수 있게 만드는 것이 바로 학습 동기 촉진 전략에 대한 코칭이다.

따라서 항상 동기를 각성해서 삶의 방향, 삶의 목표를 수립하는 것이 필요하다. 또한 동기를 더 촉진시키기 위해서는 지금 공부에 방해되는 심리적 · 물리적 요소를 제거해주고, 신념과 자신감을 찾게 하는 것이 중요하다.

시간관리 전략

아이들에게 동기가 충족되면 그다음으로 시간에 대한 관리 전략에 들어가야 한다. 아무리 공부하고자 하는 마음이 있어도 어떻게 공부를 해야 될지 모르는 상황 속에 시간 계획까지 짤 수 없다면 결국은 학습도 안 되고, 자기관리도 안 되고, 자기 생활도 안 되는 불안한 하루하루를 살아갈 수 있다. 그래서 첫 번째로 '하루종일 어떻게 시간을 보내고 있는지'를 깨닫게 하는 시간에 대한 각성이 필요하다. 두 번째로는 각종 생활에 필요한 시간 계획, 즉 우선순위를 매기는 작업이 선행되어야 하고, 세 번째로는 이 계획대로 실천하면서 실행 정도를 체크해나가는 습관을 들이게 해주어야 한다.

또한, 실천을 했을 때 불가능한 계획이 있다면 실행 가능하도록 다시 수정하는 과정도 중요하다. 중요하지도 않고 급하지도 않은 그런 시간들을 얼마나 많이 소비하고 있는지를 알아차리기 위해서라도 시간에 대한 분석은 필요하다. 우리가 '급한 것이 중요한지, 중요한 것이 중요한지'를 간혹 잊은 채 시간을 낭비하게 되는데, 중요한 일을 먼저 처리하지 않았을 때 그것이 급한 일이 되어 시간을 잡아먹는 경우도 종종 발생하게 된다. 마지막으로, 이렇듯 계획을 짜고 수정하는 단계를 거쳐 완성된 계획표대로 활용해나가는 것이 시간관리 전략인 것이다.

학습 환경 관리 전략

시간관리를 잘 짜놓고 난 다음에는 학습 환경을 관리해야 한다. 공부가 가장 잘되는 곳을 선정하고 가구를 도움이 되게 배치한다. 예를 들면 책장 안에 만화책과 같은 유혹이 될 만한 물건들이 있거나 가지고 놀 만한 것들, 스마트폰 등은 치워놓는 것이다. 그리고 TV 소리나 라디오, 음악 소리 등 청각적인 방해물도 제거해야 한다. 반면 공부에 필요한 학습 도구들은 가까이에 두고 공부에 적당한 조명 밝기와 온도를 유지해주어야 한다.

정보처리 전략

먼저 학습 동기가 촉진되고, 시간 계획표를 잘 짠 후에 환경까지 딱 정리해놓고 나면 정보처리 전략을 짠다. 가장 먼저 오늘 공부한 것 중에서 반드시 기억해야 될 것을 선택하고, 두 번째로 그 내용을 외워서 기억한다. 세 번째는 암기한 내용을 복습하는 것인데, 암기한 내용을 되풀이해서 외우는 과정을 거쳐야 장기 기억에 저장된다. 예를 들어, 부모와 자녀 사이에서도 얼마든지 대화를 통해 복습이 가능하다.

"오늘 영어 시간에 뭐 배웠어?"

"오늘 문법에 대해서 배웠어요."

"문법? 문법 중에서 어떤 내용들을 배웠어?"

"문장의 형식에 대해서 배웠어요."

"그래? 그럼 어떤 형식들이 있었는지 기억나니?"

"1형식, 2형식, 3형식, 4형식, 5형식 총 다섯 개의 형식이 있대요."

"헉, 그래? 그러면 1형식은 뭐래?"

"1형식은 주어랑 동사로만 이루어졌고요. 2형식은 주어와 동사, 주격보어로 이루어졌고, 3형식은 주어, 동사, 목적어로 이루어졌고, 4형식은 주어, 동사, 간접목적어와 직접목적어로 이루어졌대요. 그리고 5형식은 주어와 동사, 목적어와 목적보어로 이루어졌다고 배웠어요."

이처럼 대화를 통해 배운 것을 한 번만 정리해주면 2번이나 복습한 효과를 얻을 수 있다. 마지막으로는 기억에 방해되는 요인을 줄여주면 공부를 다 한 셈이나 마찬가지다. 정보처리 단계에서는 그 순간에 집중하는 훈련이 절대적으로 필요하다.

읽기 전략

그다음으로는 읽기 전략인데 첫 번째로, 읽기 전에는 대략 어떤 내용인지 훑어보는 단계가 있어야 한다. 그렇게 전체를 대강 살펴보고 난 다음에는 개관한 내용을 의문문의 형태로 바꿔 호기심을 가지고 질문하는 것이다. 그러고 나서 본격적으로 읽기 시작했을 때 질문에 대한 답을 찾아서 표시한다. 그리고 책에 표시한 내용들을 외운다. 암기를 오래 지속하는 방법은 복습이므로 일정한 간격을 두고 암기한 내용을 재독한다.

쓰기(노트 필기) 전략

쓰기 전략은 일기나 감상문, 편지, 생활문, 시 등 평소에 하는 글쓰기를 말한다. 먼저 글의 주제나 제목을 선정하고, 주제에 어울리는 정보나 아이디어를 모으는 자료 모음 단계를 거친다. 그 다음은 모은 자료를 분류하고 정리한 후에 전체적인 개요를 생각나는 대로 빨리 쓰면서 초안을 작성해나간다. 이 쓰기 전략만 제대로 배워도 많은 아이들이 쓰면서 듣고 읽고 말하고 전달하면서 다 배워나갈 수가 있다. 노트 필기도 마찬가지다. 칠판에 쓰인 내용을 노트에 적고 필기한 내용 중에 잘못된 것은 수정하고, 요점에 밑줄 그으며 암기하는 것이다. 단서를 이용해 요점만 외우는 것이 포인트다. 그리고 암기한 내용을 정리하여 노트 아래에 표시하고 통합하는 과정이 필요하다.

시험 불안 감소 전략

결국 아이들이 이렇게 전략적으로 학습을 많이 해놓고도 점수가 오르지 않거나 결과가 좋지 않으면 극심한 스트레스를 받는 것은 당연하다. 따라서 최상의 컨디션, 그동안 공부한 것을 시험에서 최대한으로 풀어낼 수 있도록 불안감을 줄여주는 전략이 필요하다.

첫 번째로 신체적 · 정신적으로 이완을 경험하게 하여 근육의 긴장을 풀어주는 근육이완 훈련을 해줄 수 있다. 스트레칭이라든지 아이의 성향에 맞게 개발하는 것도 좋다.

두 번째는 정서적 혼란과 일상에서 갈등을 일으키는 비합리적인 생각을 합리적인 것으로 바꿔서 정서적 혼란과 갈등에서 벗어나게 하는 사고 전환 훈련이 있다. 대부분 아이들이 느끼는 불안은 두 가지인데, 하나는 외부의 억압이고 다른 하나는 스스로 잘 해내고 싶은 내부적인 요인 때문이다.

예를 들면, 이번 시험에서 성적이 올라가지 않으면 큰일이 난다는 불안감을 가지고 있다고 할 때 이 잘못된 생각을 내려놓거나 전환시켜 줄 수 있는 패러다임이 필요하다. 그래서 무엇이 아이를 불안하게 만드는지 불안 위계를 눈에 보이도록 작성하게 하는 것이 도움이 된다. 불안 위계는 불안이 높은 상황에서 낮은 상황의 순으로 순서를 정해보는 것이다. 지금 느끼는 불안이 언제 가장 안정된 분위기로 가는 건지를 생각하게 하거나 긴장 이완 기술 또는 NLP(Neuro-linguistic programming)[30]를 통해서

---

30) 위키백과에 따르면 '신경-언어프로그래밍(Neuro-Linguistic Programming, NLP)'은 20세기에 개발된 실용심리학의 한 분야로 인간 행동의 긍정적인 변화를 이끌어 내는 기법을 종합해 놓은 지식 체계의 명칭이다.

극복할 수 있다. 시험과 관련된 장면을 상상함으로써 근육의 긴장을 이완하는 훈련도 할 수 있다.

아예 안정된 상황과 대치해버리는 것이다. 시험을 치는 상황이 아니라 친구랑 독서하며 수다 떠는 순간의 마음이나 친구와 같이 좋은 학습 정보를 나누는 상황으로 좀 편안한 순간을 떠올리게 한다. 아니면 자신이 가장 마음 편한 상태에서 시험을 치르는 장면을 떠올려 보게 하는 것이다.

시험치기 전략

마지막으로 자신의 지식을 시험에서 마음껏 발휘할 수 있는 시험 치르기 전략에 대해 설명한다. 가장 먼저 시간관리를 잘해야 한다. 예를 들면 25문항을 푸는 데 주어진 시간이 60분이라면 각 문항을 풀이하는 데 필요한 시간을 할당해야 한다. 그다음에 문제에 주어진 단서를 빨리 찾아내는 게 중요하다. 문제 풀이에 필요한 단어에 유의하는 것이다. 그리고 건너뛰기다. 쭉 봤는데 바로 풀기 어려운 문항이라면 일단 놔두고 다음 문제로 빨리 넘어가야 한다.

물론 긴장을 해서 건너뛴 문항을 놓칠 경우도 있겠지만 이것도 훈련으로 가능하게 된다. 네 번째는 문항 읽기다. 시험 문항을 주의 깊게 읽는 훈련이 필요한데, 속도를 느리게 해서 주의 깊게 읽는 것이 아니라 평소에 글을 읽을 때 섬세하게 볼 수 있는 훈련이 되어야 가능한 부분이다. 다음 단계는 추측하기로, 정답이라고 생각하는 답에 일단 표시를 하는 것이다. 그리고 마지막으로 답이라고 체크한 것들을 다시 점검한다.

지금까지 설명한 9가지 학습 전략 중에서 가장 중요한 것은 단연 '학습 동기 촉진 전략'이다. 아이들에게 학습을 할 수 있는 동기를 제공하는 것이 가장 중요하다. 따라서 학습을 유도할 수 있는 동기부여 프로그램들이 많이 필요한 실정이다.

#3

아이의 학습 유형을 파악하는 MBTI 활용법

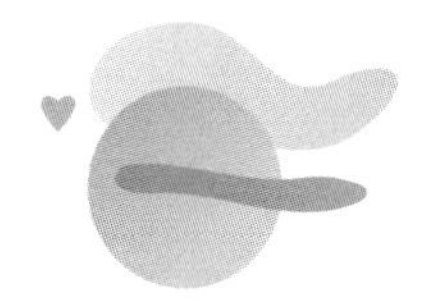

청소년들은 진로를 발견하고 나면 비로소 학습의 필요성을 느끼게 된다. 따라서 학습 동기를 부여하는 방법 중 하나가 바로 진로에 대한 부분이 아닐까 싶다. 또는 우리가 흔히 알고 있는 MBTI, RIASEC, DISC, 애니어그램 등의 다양한 검사 도구들을 통해 학습 유형을 파악하는 것이 필요하고, 이러한 유형 도구들을 참고하여 아이들이 실제 생활에서 어떻게 학습을 하고, 어떻게 코칭을 해야 되는지에 관한 대안들이 필요할 것이다.

'마이어스 브릭스의 유형지표'라고 불리는 MBTI는 가장 대표적으로 학습 유형을 파악할 수 있는 도구로 더욱 자세히 소개해

보고자 한다. MBTI는 하나의 지표로서, 평가적인 도구로 활용되지는 않는다. 소위 말하는 유형론의 하나이며 이 유형론을 근거로 해서 개인이 일상생활에서 활용할 수 있도록 고안된 자기보고식 성격유형지표다. 그렇다면 이 MBTI를 통해서 학습자들, 즉 청소년들을 어떻게 이해할 수 있을까?

MBTI에는 네 가지 선호 지표가 있다. 첫 번째는 에너지 방향과 주의 초점, 태도에 의해서 나누어지는 외향형(E형), 내향형(I형), 두 번째는 정보 수집에 대한 인식 기능에 따라서 감각형(S형), 직관형(N형), 세 번째는 의사결정에 대한 판단 기능을 나타내는 사고형(T형)과 감정형(F형), 네 번째는 외부 세계에 대처하는 생활양식인 판단형(J형), 인식형(P형)이 있다.

MBTI의 네 가지 선호지표를 보며 각각의 유형이 나타나는 학습자는 어떻게 학습활동을 해야 하는지 코치 입장에서는 MBTI의 결과에 따라 어떻게 실생활에서 활용할 수 있도록 지도해야 하는지를 살펴보자.

외향형(E형)과 내향형(I형)

외향형(Extraversion) 학습자들이 가진 학습 태도의 특징은 대부분 한 가지 학습을 하다가 다른 학습 내용으로 쉽게 옮겨 간다는 것이다. 쉽게 말하면 산만하고 적응이 잘 안 되는 경향을 가지고 있다. 간혹 내향형이 볼 때 외향형의 학습 태도를 이해할 수 없는 경우가 많다. 학습에 금방 싫증을 내고 학습하는 동안 주위에 사람들이 오거나 또 어떤 물건들이 있으면 빨리 또 거기에 관심을 갖는 것이 바로 외향형 아이들이다. 또 아이디어나 에너지를 얻기 위해서 주변을 탐색하는 편이다. 계속해서 주변에 관심이 많다. 학습한 내용을 곧장 시험해보는 경향도 있다. 학습 중에 신체 활동이 잦기도 한데 몸을 움직이거나 손으로 무언가를 만지작거리기도 한다.

이러한 특징을 가진 외향형 아이들을 학습시킬 때는 외부에 있는 방해 요소를 가능하면 차단해주는 것이 좋다. 외향형 아이들을 코칭할 때는 "네가 공부를 하는 데 지금 방해되는 게 어떤 게 있을까? 그걸 어떻게 하면 좋을까?"라고 질문하는 것이 도움이 된다. 주변 정리를 잘 하도록 돕는 것도 좋다. 그리고 연습장을 활용해서 시행착오를 시험할 수 있는 기회를 제공한다. 또 스트레스 해소를 위해 동적 활동을 허용해준다. 공부하다가 간단한 동작의 스트레칭을 한다거나 잠깐 차를 마신다거나 또는 간식을 함께 먹고 난 뒤에 공부를 할 수 있도록 분위기를 조성해준다. 사실 초 · 중 · 고등학생들의 집중력이란 그리 길지 못하다. 그러니 아이가 집중을 잘 못하는데도 장시간 책상 앞에 앉아 있게 하기보다는 조금 쉴 틈을 주고 "오늘 학교에서는 어땠니?"라는 질문으로 현재 고민하고 있는 것이나 스트레스가 있다면 대화를 통해서 푸는 시간을 갖는 것이 좋다.

외향형의 아이들은 경쟁자를 의식하게 하는 것이 학습에 동기부여가 되는데, 누군가를 밟고 이겨야 할 경쟁자로 본다기보다는 선하고 바른 경쟁의식을 심어주고 스스로 달성할 수 있는 방향으로 이끄는 것이 중요하다. 또한 이 성향의 아이들은 선행학습보다 복습을 통해 아는 것을 점검하도록 유도하는 것이 좋다. 외향형은 외부에 관심이 많기 때문에 학습에서 벗어나 다른 데로 관심이 옮겨가기 전에 공부했던 내용을 코넬 노트 필기법이나 다른 어떤 기법을 통해서 한 번쯤 정리를 하도록 돕는 게 좋은 방법이다. 이때 정리는 오늘 배운 것을 요약해본다든지, 한 문장으로 표현하기 등으로 복습한다. 복습을 하지 않으면 다른 외부로 모든 에너지를 빼앗겨서 쉽게 오늘 학습한 것들을 잊어버릴 수 있기 때문이다.

내향형(Introversion) 학습자들이 가진 학습 태도의 특징은 학습한 내용이 스스로 정리될 때까지 잘 드러내지 않는다. 쉽게 말해 매우 꼼꼼하고, 한 가지 과목을 오래 공부하는 성향도 있다. 지극히 사적이고 개인적인 자신만의 방법으로 학습을 진행한다. 또한 혼자서 스스로 아이디어와 에너지를 얻기 위해서 자신의 마음을 들여다볼 때가 많다. 자기 성찰에 대한 생각이 많은 아이들이다. 학습하기 전이나 결과를 도출하기 전까지 왜 안 되는지를 혼자서 고민하고 해결하려 할 때가 많기 때문에 긴 사고의 시간을 필요로 한다. 그 이유는 그것이 자기 스스로 안정되고 편안하기 때문이다.

이러한 특징을 가진 내향형 아이들을 학습시킬 때는 상호작용하는 학습 형태보다는 개인적인 방법으로 조용히 학습할 수 있도록 도와주어야 한다. 또한 지나친 공상을 피할 수 있도록 집중력을 향상하는 방법, 명상 등을 지도하는 것이 좋다. 외향형이 외부 세계에 빠진다면 내향형은 자신의 생각에 빠지는 경우가 많기 때문이다. 그래서 집중력 향상 스킬이나 또는 명상 훈련, 마음을 다루는 훈련이 필요할 수 있다. 한 가지 과목을 너무 오래 학습하지 않도록 하는 것이 좋고, 특별히 내향형 같은 경우에는 혼자서 학습을 하는 경우가 많기 때문에 어느 정도의 선행학습이 필요하다. 그리고 에너지를 얻을 수 있는 독서나 산책, 글쓰기, 명상 등 정적인 휴식 방법을 찾아주는 것도 중요하다.

감각형(S형)과 직관형(N형)

감각형(Sensing) 학습자들이 가진 학습 태도의 특징은 오감을 활용하는 것, 실제적인 학습을 원한다는 것이다. 또 단계별로 새로운 내용을 받아들이고 학습하고자 하는 경향이 강하다. 새로운 내용을 받아들이는 학습의 경험과 기존 지식을 잘 활용한다.

이러한 특징을 가진 감각형 아이들을 학습시킬 때는 필기 자체에 집중하느라 전체 내용을 놓치지는 않는지 살피고, 유연한 생각을 길러주기 위해 독서를 권해준다. 특히 감각형 아이들은 필기하고 이것저것 메모하면서 그림도 그리는 것들을 참 좋아하는데, 그 자체에 매몰되어 학습 내용을 잊지 않도록 주의를 시켜주는 것이 필요하다. 또한 학습할 내용을 꼼꼼히 한 번 보기보다는 같은 시간에 두 번을 훑어볼 수 있도록 지도하는 것이 효율적이다. 감각형 아이들은 오감을 활용하는 능력이 뛰어나기 때문에 글로만 적힌 것보다는 시각적인 자료와 구체적인 정보를 보여주면서 이해시키는 학습법이 도움이 된다. 그리고 학습 전이나 활동 전에 해당 학습의 필요성에 대해 충분한 설명을 해줘야 한다. 왜 하는지를 모르면 목표를 잃어버리고 집중을 못할 수도 있기 때문이다.

직관형(Intuition) 학습자들이 가진 학습 태도의 특징은 전체를 보는 자신의 고유한 이해방식이 있고, 친숙한 방법을 쓰는 게 아닌 보다 새로운 학습방법을 시도하는 경향이 있다는 것이다. 필기한 노트를 쭉 훑어보기만 해도 시험을 잘 치르는 학생이 직관형의 예다. 감각형이 열심히 필기를 잘 해놓으면 직관형이 그 감각형의 필기를 훑어보고 나서 어떤 서술형 시험을 친다면 서론, 본론, 결론까지 다 내면서 오히려 감각형보다 직관형이 훨씬 우수한 성적이 나오는 경우도 많다. 또 암기할 것이 생기면 자기만의 언어로 만들어서 통째로 외워버린다.

이러한 특징을 가진 직관형 아이들을 학습시킬 때는 중요한 부분을 놓치는 경우가 많기 때문에 차분히 필기를 해가며 공부하도록 지도해야 하고, 문제를 정확히 이해하고 풀 수 있도록 해줘야 한다. 이해가 안 된 상황에서 문제를 대충 맞추고 넘어가는 경향이 크기 때문이다. 그러니 세부적인 내용에 신경을 써서 학습할 수 있도록 하는 것이 좋다.

사고형(T형)과 감정형(F형)

사고형(Thinking) 학습자들이 가진 학습 태도의 특징은 논리적이고 체계적인 방식을 선호한다는 점이다. 논리적이고 체계적이지 않으면 이해하는 것을 힘들어한다. 그래서 정확한 피드백에 반응하고, 학습 내용에 대해서도 객관적이고 냉철하다. 따라서 수학처럼 정확하게 답이 나오는 과목의 학습을 선호한다.

이러한 특징을 가진 사고형 아이들을 학습시킬 때는 항상 공부의 필요성을 인식하도록 이끌어야 한다. 다른 사람의 공부 방법 중에서 능률적인 것이 있으면 받아들이도록 지도하는 것이 좋다. 자기 것만 고집하기보다 이런저런 방법들이 있다는 것을 제시해주는 것도 좋은 코칭의 방법이다. 또한 객관적인 자료를 제시하여 동기부여 할 수 있도록 해주고, 자신의 생각이나 사고에 갇혀서 다른 교사의 의견이나 교육법을 무시하지 않도록 해야 한다. 왜냐하면 이 유형의 아이들 중에는 뛰어나게 공부를 잘하는 친구들이 많기 때문에 공교육, 사교육을 포함한 모든 선생님이 아이의 생각과 방법에 다른 의견을 내는 순간 소통이 잘 안되는 경우가 생길 수 있기 때문이다. 자신과 다른 생각이나 의견을 품을 수 있는 수용적인 태도를 갖게 하는 것 역시 학습뿐만 아니라 사회성 교육면에서 필요한 일이 아닌가 생각한다.

감정형(Feeling) 학습자들이 가진 학습 태도의 특징은 원리를 이해하기보다 마음으로 받아들이려고 한다는 것이다. 그리고 보상이 없으면 쉽게 학습에 대한 욕구가 저하되는 모습을 보인다. 깊이 관심을 가져야 할 주제나 내용에 큰 흥미를 느끼고, 그게 아니라면 별다른 흥미를 느끼지 못하는 유형이다. 감정형 아이들은 쉽게 감정이나 분위기에 동요되는 편이며 마음이 가는 대로 움직인다.

이러한 특징을 가진 감정형 아이들을 학습시킬 때는 친구 관계에 얽매여 학습을 망치는 일이 없도록 경계시켜야 하고, 학습에 대한 부진이 뒤따르다 보니 자존감이 낮아지는 경향이 있어 스스로 격려할 수 있는 마음을 길러주는 것이 중요하다. 또한 다른 사람의 충고에 상처 입지 않도록 마음을 다스리는 법을 알려주는 것이 좋다. 감정과 마음에 따라 움직이다 보니 학습에 있어서도 감정적 동기를 자극하여 공부할 마음이 생기도록 북돋워야 하고 칭찬과 보상을 많이 해주는 것이 도움이 된다.

판단형(J형)과 인식형(P형)

판단형(Judging) 학습자들이 가진 학습 태도의 특징은 학습 계획을 잘 세우고, 학습 내용에 책임감을 느끼며 시간 내에 완수하려는 노력을 많이 한다는 점이다. 또한 학습 내용에서 일관성 있고 예측할 수 있는 체계를 찾으려 하는 편이다. 대체로 판단형은 학습 태도가 상당히 좋다. 사고형이 앉아서 깊이 있게 오래 공부를 한다면, 판단형은 그에 비해서 조금은 전략적이다. 자신의 계획하에 완수하려는 완벽성이 있고, 공부를 열심히, 지혜롭게 하기 위한 스킬들을 많이 가지고 있다.

이러한 특징을 가진 판단형 아이들을 학습시킬 때는 계획에 얽매여 스트레스를 받지 않도록 계획을 여유롭게 편성하게 돕는다. 또 학습 및 활동 계획을 미리 알려주고 내용을 조직화하는 방법을 알려주는 것도 좋다. 사소한 것에 마음을 빼기지 않도록 주의해야 하는 부분도 있는데, 예를 들어 오늘 계획에 있던 국어 공부를 못했다면 판단형 아이들을 극심한 스트레스와 불안에 빠지기 쉽다. 이럴 때는 "국어는 우리가 자투리 시간에 할 수 있는 방법을 찾아보자"라고 유도하여 학습 태도가 흔들리지 않도록 도와준다.

인식형(Perceiving) 학습자들이 가진 학습 태도의 특징은 미룰 때까지 미뤘다가 한 번에 벼락치기로 학습하는 경향이 강하다는 것이다. 문제 해결이나 학습 방법에 융통성을 발휘하기도 하지만 반면에 한 가지에 집중하지 못한다.

이러한 특징을 가진 인식형 아이들을 학습시킬 때는 반드시 계획을 수립하도록 해주고, 그 계획은 공부량의 120% 정도로 편성한다. 인식형 아이들은 사회성이 좋고 인성도 좋은데 학습 태도도 그런 분위기로 가는 경향이 있어 공부량을 좀 더 위로 잡아주는 것이 좋다. 그리고 메모나 필기하는 습관을 들일 수 있도록 지도하고, 복습보다는 예습을 잘할 수 있도록 도와주는 것이 좋다. 또한 반드시 마감기한을 정해놓고 학습할 수 있도록 코칭해야 한다.

#4

ICF 핵심역량 모델[31)]

ICF Core Competency Model

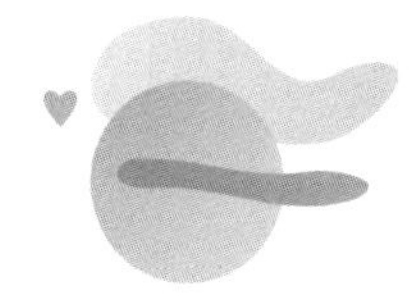

2019년 10월 국제코칭연맹(ICF)은 코칭 추세와 현장 실무를 분석하여 업데이트된 ICF 코칭핵심역량 모델을 발표했다. 이 역량 모델은 ICF 회원과 비회원을 포함하여 다양한 코치 훈련 과정과 코칭 스타일 및 경험을 가진 전 세계 1,300명 이상의 코치로부터 수집한 자료를 기반으로 한 것이다. 이러한 광범위한 연구를 통해 25년 전에 개발된 기존 ICF 코칭핵심역량 모델은 오

31) 이 업데이트된 ICF 핵심역량의 한글 번역본은 ICF Korea Charter Chapter에서 마련했으며, 2020년 9월 8일 게재했다. 이 문서의 공식 번역본은 ICF 글로벌 웹사이트 www.coachfederation.org 에서 찾아볼 수 있다.

늘날의 코칭 실행에도 매우 중요하다는 것을 확인했다.

이에, 업데이트된 핵심역량 모델에서는 기존 코칭 역량에 새로운 요소들을 일부 추가하고 통합했다. 새롭게 들어간 역량과 지침에서는 윤리적 행동과 비밀 유지를 최우선적으로 강조했다. 또한, 코칭 마인드셋, 지속적 성찰의 중요성, 다양한 차원의 코칭 합의들 간의 중요한 차이점, 코치와 고객 간 파트너십의 중요성, 문화적, 체계적 및 맥락적 의식의 중요성이 포함되었다. 새로 포함된 역량은 오늘날 코칭 실행의 핵심 요소를 반영하며 미래를 위한 보다 강력하고 포괄적인 코칭 표준으로 사용될 것이다.

A. 코칭의 기초 세우기

1. 윤리적 실천을 보여준다.

정의: 코칭 윤리 및 코칭 기준을 이해하고 지속해서 적용합니다.

1) 고객, 스폰서 및 이해 관계자들과 상호작용에서 코치의 진실성과 정직성을 보여줍니다.

2) 고객의 정체성, 환경, 경험, 가치 및 신념에 민감하게 대합니다.

3) 고객, 스폰서 및 이해 관계자에게 적절하고 존중하는 언어를 사용합니다.

4) ICF 윤리강령을 준수하고 핵심가치를 지지합니다.

5) 이해 관계자 합의 및 관련 법률에 따라 고객 정보에 대해 비밀을 유지합니다.

6) 코칭, 컨설팅, 심리치료 및 다른 지원 전문직과의 차별성을 유지합니다.

7) 적절한 경우 고객을 다른 지원 전문가에게 안내합니다.

2. 코칭 마인드셋을 구현한다.

정의: 개방적이고 호기심이 많으며 유연하고 고객 중심적인 사고방식을 개발하고 유지합니다.

1) 코치는 선택에 대한 책임이 고객 자신에게 있음을 인정합니다.

2) 코치로서 지속적인 학습 및 개발에 참여합니다.

3) 코치는 코칭 능력을 향상시키기 위해 성찰 훈련을 지속합니다.

4) 코치는 자기 자신과 다른 사람들이 상황과 문화에 의해 영향받을 수 있음을 인지하고 개방적인 태도를 취합니다.

5) 고객의 유익을 위해 자신의 알아차림과 직관을 활용합니다.

6) 감정조절 능력을 개발하고 유지합니다.

7) 정신적, 정서적으로 매 세션을 준비합니다.

8) 필요하면 외부 자원으로부터 도움을 구합니다.

B. 고객과 함께 코칭 관계 만들기

3. 합의를 도출하고 유지한다.

정의: 고객 및 이해 관계자와 협력하여 코칭 관계, 프로세스, 계획 및 목표에 대한 명확한 합의를 합니다. 개별 코칭 세션은 물론 전체 코칭 과정에 대한 합의를 도출합니다.

1) 코칭인 것과 코칭이 아닌 것에 대해 설명하고 고객 및 이해 관계자에게 프로세스를 설명합니다.

2) 관계에서 무엇이 적절하고 적절하지 않은지, 무엇이 제공되고 제공되지 않는지, 고객 및 이해 관계자의 책임에 관하여 합의합니다.

3) 코칭 진행 방법, 비용, 일정, 기간, 종결, 비밀 보장, 다른 사람의 포함 등과 같은 코칭 관계의 지침 및 특이사항에 대해 합의합니다.

4) 고객 및 이해 관계자와 함께 전체 코칭 계획 및 목표를 설정합니다.

5) 고객과 코치 간에 서로 맞는지를 결정하기 위해 파트너십을 갖습니다.

6) 고객과 함께 코칭 세션에서 달성하고자 하는 것을 찾거나 재확인합니다.

7) 고객과 함께 세션에서 달성하고자 하는 것을 얻기 위해 고객 스스로가 다뤄야 하거나 해결해야 한다고 생각하는 것을 분명히 합니다.

8) 고객과 함께 코칭 과정 또는 개별 세션에서 달성하고자 하는 성공척도를 정의하거나 재확인합니다.

9) 고객과 함께 세션의 시간을 관리하고 초점을 유지합니다.

10) 고객이 달리 표현하지 않는 한 고객이 원하는 성과를 달성하는 방향으로 코칭을 계속합니다.

11) 고객과 함께 코칭 경험을 존중하며 코칭 관계를 종료합니다.

4. 신뢰와 안전감을 조성한다.

정의: 고객과 함께, 고객이 자유롭게 나눌 수 있는 안전하고 지지적인 환경을 만듭니다. 상호 존중과 신뢰 관계를 유지합니다.

1) 고객의 정체성, 환경, 경험, 가치 및 신념 등의 맥락 안에서 고객을 이해하려고 노력합니다.

2) 고객의 정체성, 인식, 스타일 및 언어를 존중하는 것을 보여주고 고객에 맞추어 코칭합니다.

3) 코칭 과정에서 고객의 고유한 재능, 통찰 및 작업(일, 일하는 방식)을 인정하고 존중합니다.

4) 고객에 대한 지지, 공감 및 관심을 보여줍니다.

5) 고객이 자신의 감정, 인식, 우려, 신념, 제안을 그대로 표현하도록 인정하고 지원합니다.

6) 고객과의 신뢰를 구축하기 위해 코치의 취약성을 드러내고 개방성과 투명성을 보여줍니다.

5. 현존을 유지한다.

정의: 개방적이고 유연하며 중심이 잡힌 자신감 있는 태도로 완전히 깨어서 고객과 함께합니다.

1) 고객에게 집중하고, 관찰하며, 공감하고, 적절하게 반응하는 것을 유지합니다.

2) 코칭 과정 내내 호기심을 보여줍니다.

3) 고객과 현재에 온전히 머물러주기 위해 감정을 관리합니다.

4) 코칭 과정에서 고객의 강한 감정 상태에 대해 자신감 있는 태도로 함께 합니다.

5) 코치가 알지 못함의 영역을 코칭할 때도 편안하게 임합니다.

6) 침묵, 멈춤, 성찰을 위한 공간을 만들거나 허용합니다.

C. 효과적으로 대화하기

6. 적극적으로 경청한다.

정의: 고객의 시스템의 맥락에서 전달하는 것을 충분히 이해하고 고객의 자기표현을 돕기 위해 고객이 말한 것과 말하지 않는 것에 초점을 맞춥니다.

1) 고객의 시스템 맥락 안에서 소통하는 것을 더 이해하고 고객의 자기표현을 지원하기 위해 고객의 맥락, 상황, 정체성, 환경, 경험, 가치 및 신념을 고려합니다.

2) 고객이 전달한 것에 대해 더 명확히 하고 이해하기 위해 비추기(반영)를 하거나 요약합니다.

3) 고객이 소통한 것 이면에 무언가 더 있다고 생각될 때 이것을 인식하고 질문합니다.

4) 고객의 감정, 에너지 변화, 비언어적 신호 또는 기타 행동

에 대해 주목하고 알려주며 탐색합니다.

5) 고객이 전달하는 내용의 완전한 의미를 알아내기 위해 고객의 언어, 음성 및 신체 언어를 통합합니다.

6) 고객의 주제와 패턴을 분명히 알기 위해 세션 전반에 걸쳐 고객의 행동과 감정의 흐름에 주목합니다.

7. 알아차림을 불러일으킨다.

정의: 강력한 질문, 침묵, 은유 또는 비유와 같은 도구와 기술을 사용하여 고객의 통찰과 학습을 촉진합니다.

1) 가장 유용한 것이 무엇인지 결정할 때 고객의 경험을 고려합니다.

2) 알아차림이나 통찰을 불러일으키기 위한 방법으로 고객에게 도전합니다.

3) 고객의 사고방식, 가치, 욕구 및 원함, 그리고 신념 등 고객에 대하여 질문합니다.

4) 고객이 현재의 생각을 뛰어넘어 탐색하도록 도움이 되는 질문을 합니다.

5) 고객이 매 순간 자신의 경험에 대해 더 많은 것을 나누도록 요청합니다.

6) 고객의 발전을 향상시키기 위해 무엇이 작동하고 있는지에 확인합니다.

7) 고객의 요구에 맞추어 코칭 접근법을 조정합니다.

8) 고객이 현재와 미래의 행동, 사고 또는 감정 패턴에 영향을 미치는 요인을 식별하도록 돕습니다.

9) 고객이 앞으로 나아갈 수 있는 방법과 기꺼이 하거나 할 수 있는 것에 대한 아이디어를 만들어 내도록 초대합니다.

10) 관점을 재구성할 수 있도록 고객을 지원합니다.

11) 고객이 새로운 학습을 할 수 있는 잠재력을 갖도록 관찰, 통찰 및 느낌을 있는 그대로 공유합니다.

D. 학습과 성장 북돋우기

8. 고객의 성장을 촉진한다.

정의: 고객이 학습과 통찰을 행동으로 전환할 수 있도록 협력합니다. 코칭 과정에서 고객의 자율성을 촉진합니다.

1) 새로운 알아차림, 통찰, 학습을 세계관 및 행동에 통합하기 위해 고객과 협력합니다.

2) 새로운 학습을 통합하고 확장하기 위해 고객과 함께 목표

와 행동 그리고 책무 측정 방안을 설계합니다.

3) 목표, 행동 및 책무 점검 방법을 설계하는 데 있어서 고객의 자율성을 인정하고 지지합니다.

4) 고객이 수립된 행동 단계들로부터 얻을 수 있는 잠재적 성과와 배움을 확인하도록 지원합니다.

5) 고객이 지닌 자원, 지원 및 잠재적 장애물을 포함하여 어떻게 자신이 앞으로 나아갈지에 대해 고려하도록 초대합니다.

6) 고객과 함께 세션에서 또는 세션과 세션 사이에서 학습하고 통찰한 것을 요약합니다.

7) 고객의 진전과 성공을 축하합니다.

8) 고객과 함께 세션을 종료합니다.

참고문헌

1. 도서

김계현, 황매향, 선혜연, 김영빈,《상담과 심리검사》학지사, 2005
김만수,《탁월성을 일깨우는 알아차림》부크크, 2021
로이 오스왈드, 오토 크뢰거, 최광수, 이성옥 역,《MBTI로 보는 다양한 리더십》 죠이선교회, 2002
미쉘모랄, 피에르앙젤,《코칭》NUN, 2014
박순,《수퍼바이저의 자기성찰》시그마프레스, 2020
변상규,《자아상의 치유》NUN, 2010
변상규,《때로는 마음도 체한다》에디터, 2014
손힘찬,《나는 나답게 살기로 했다》스튜디오오드리, 2021
윤홍균,《자존감수업》심플라이프, 2016
이광형,《세상의 미래》MID, 2018
이남석,《뭘 해도 괜찮아》사계절, 2012
이명랑,《심리학개론》더배움, 2017
이범,《우리교육 백문백답》다산북스, 2012
이비에스(EBS),《아이의 사생활》지식채널, 2009
이우경, 이원혜,《심리평가의 최신 흐름》학지사, 2012
이웅,《교육심리학 : 학습심리학》한국교육기획, 2009
조나단패스모어 저, 박순, 권수영, 김상복 역,《코칭수퍼비전》시그마프레스, 2014
최정윤,《심리검사의 이해》시그마프레스, 2002
카이스트 문술미래전략대학원, 미래전략연구센터,《대한민국 국가미래전략 2018》이콘, 2017

한경희, 문경주, 이주영, 김지혜,《다면적인성검사II 재구성판 매뉴얼》마음사랑, 2011
황순택, 김지혜, 박광배, 최진영, 홍상황,《한국 웩슬러 성인용 지능 검사 4판》한국심리주식회사, 2012

2. 번역서

플로렌스 리타우어,《기질플러스》정숙희, 박태용 역, 에스라서원, 1988
피어스 J. 하워드, 제인 미첼 하워드,《마음을 읽는 지도》이호은 역, 타임스퀘어, 2014

3. 학술지/정기간행물

고용노동부(2014)《2014년 한 권으로 통하는 청년고용정책》고용노동부
곽동현, "학교폭력예방을 위한 융합적 상담프로그램 효과성에 관한 질적 사례연구", 제3호 안전문화연구1-13p, 2018

4. 학위논문

곽동현, "효율적인 진로교육을 위한 중학생의 직업흥미와 다중지능과의 상관관계에 대한 연구(For effective career education a study on the correlation between career interest and the multiple intelligence of adolescents)」박사학위논문, Canada Christian College, 2019.
민병기, "청소년의 생활만족도 형성에 관한 연구: 사회적 지지와 자기효능감을 중심으로", 박사학위논문, 인하대학교 대학원, 2002
양재옥. "중학생 자기관리능력 향상 집단상담 프로그램 개발 및 효과 검증", 석사학위논문, 공주대학교 교육대학원, 2011
이윤기, "기독교 학습코칭이 청소년의 자기효능감 및 자기조절학습능력에 미치는 효과", 박사학위논문, 한국성서대학교 일반대학원, 2014
조성진, "코칭이 자기효능감, 성과 및 가족관계에 미치는 영향과 이에 대한 감성지능의 조절효과", 박사학위논문, 충남대학교 대학원, 2009
진달래, "대학생의 성격 5요인과 Holland의 직업적 성격유형과의 관계", 석사학위논문, 이화여자대학교 대학원, 2015

최숙자, "고등학생의 Holland 진로 유형 성격과 적성 및 학업성취도와의 관계", 박사학위논문, 건국대학교 교육대학원, 2003

5. 사전류

김춘경, 이수연, 이윤주, 정종진, 최웅용,《상담학 사전》한국심리학회, 2016
한국심리학회,《심리학용어사전》2014
위키백과, 자유학기제의 장점과 단점(https://ko.wikipedia.org/wiki)
국립특수교육원,《특수교육학 용어사전》2009

6. 교재류

곽동현, 아동,청소년 진로코칭 통합교재, 코리아코칭시스템, 2013
곽동현, 아동,청소년 학습코칭 통합교재, 코리아코칭시스템, 2013
곽동현, 아동,청소년 사회적 경제진로 교육교재(총12권), 충북사회적기업협의회, 2016
곽동현, 사회적경제 진로교육 교사매뉴얼, 충북사회적기업협의회, 2016
김덕기, 이병희, 박미정, 이윤진, 나영환, 학습코칭의 이해와 실제, 한국학습코칭센터(주), 2013
박정용, 자기주도경제교육 포트폴리오, 한남교육사랑, 2014
박정용, 자기주도진로교육 포트폴리오, 한남교육사랑, 2014
울산광역시교육연수원, 2019년 중등교원 미래역량강화 직무연수, 2019
지큐브학습코칭센터 콘텐츠팀, 학습코칭지도사를 위한 학습코칭 실무과정, 2012
타임NCS연구소, 2017최신판 국가직무능력표준시험, 시스컴, 2017

7. 웹사이트

한국코치협회
ICF(국제코칭연맹)

사춘기 자녀 코칭 심리학

초판 1쇄 발행 2023년 12월 20일

지은이 곽동현
편　집 정윤아
디자인 김미영

발행인 정윤아
발행처 SISO
출판등록 2015년 1월 8일
이메일 siso@sisobooks.com
카카오톡채널 출판사SISO
인스타그램 @sisobook_official

ⓒ 곽동현, 2023
정가 16,000원

ISBN 979-11-92377-31-5 13590

● 잘못 만들어진 책은 구입하신 곳에서 교환해드립니다.
● 이 책에 실린 모든 내용에 대한 저작권은 지은이에게 있습니다.
저작권자의 허락 없이 다른 매체에 그대로 옮기거나 복제, 배포할 수 없습니다.